AI+Photoshop
智能图像处理

葛文艳◎主　编　　岳静茹　杨　雪◎副主编

清華大學出版社
北京

内容简介

本书共12章。第1～8章详细讲解了Photoshop的基本操作及内置AI功能的使用技巧，涉及智能填充、抠图、修图、调色、合成、特效、滤镜等应用；第9～12章讲解Photoshop与常见AI绘画工具（Stable Diffusion、Midjourney、文心一格）相结合的图像处理技巧。

书中以12个任务为主框架，辅以多个小型活动实例逐个破解知识点，最后还有设计师岗位实战演习，帮助读者快速掌握图像处理技术，高效、创新地完成设计作品。本书还配有视频讲解，适合读者利用碎片化时间进行学习。

本书可作为高校和培训机构的相关专业教材，也可供广大Photoshop爱好者、平面设计师、电商设计师、摄影后期从业人员等学习、参考。

版权所有，侵权必究。举报：010-62782989，beiqinquan@tup.tsinghua.edu.cn。

图书在版编目（CIP）数据

AI+Photoshop智能图像处理 / 葛文艳主编. -- 北京：清华大学出版社，2025.6. -- ISBN 978-7-302-69229-4

Ⅰ．TP18；TP391.413

中国国家版本馆CIP数据核字第2025DC9383号

责任编辑：杜　杨
封面设计：郭　鹏
责任校对：胡伟民
责任印制：丛怀宇

出版发行：清华大学出版社
网　　址：https://www.tup.com.cn，https://www.wqxuetang.com
地　　址：北京清华大学学研大厦A座
邮　编：100084
社 总 机：010-83470000
邮　购：010-62786544
投稿与读者服务：010-62776969，c-service@tup.tsinghua.edu.cn
质 量 反 馈：010-62772015，zhiliang@tup.tsinghua.edu.cn
课 件 下 载：https://www.tup.com.cn，010-83470236
印 装 者：涿州汇美亿浓印刷有限公司
经　　销：全国新华书店
开　　本：188mm×260mm
印　张：12.25
字　数：380千字
版　　次：2025年6月第1版
印　次：2025年6月第1次印刷
定　　价：79.00元

产品编号：108902-01

前言 PREFACE

亲爱的读者朋友：

您好！

当您翻开这本书时，我们已共同踏入了一个充满创意与技术碰撞的新时代，人工智能（AI）正以前所未有的速度重塑设计行业的未来。无论是广告设计、电商视觉、摄影后期，还是艺术创作，AI 与 Photoshop 的深度融合正悄然改变着传统的工作流程，让复杂的操作变得简单，让灵感的实现更加高效。

作为一本专为设计师、摄影爱好者和图像处理初学者编写的图书，本书的诞生源于我们对技术与艺术融合的深刻洞察，以及对读者需求的真诚回应。在过去的教学与设计实践中，我们深切体会到：许多初学者因工具庞杂、操作烦琐而止步于创意之门；而职业设计师也常因效率瓶颈难以释放更多潜能。正因如此，我们决定将 AI 这一"智慧助手"引入 Photoshop 的学习与应用中，帮助每一位读者用更短的时间、更轻松的方式，创作出更专业的作品。

1. AI 赋能，化繁为简

本书系统整合了 Photoshop 内置的 AI 功能（如神经滤镜、智能填充、上下文工具等）与前沿 AI 绘画工具（Stable Diffusion、Midjourney、文心一格），通过"任务驱动+实战演练"的模式，让您从零基础起步，逐步掌握 AI 辅助下的抠图、调色、合成、特效制作等核心技能。即使是复杂的创意需求，也能借助 AI 的智能推荐与自动化处理轻松实现。

2. 实战为本，学以致用

书中设计了 12 个主题任务、150 余个实践活动及设计师岗位实战案例。从"制作旅行海报"到"修复旧照片"，从"电商产品精修"到"国潮风艺术创作"，每个案例均源自真实设计场景。我们相信，唯有将知识融入实践，才能真正转化为您手中的"生产力"。

3. 资源丰富，学习无忧

为适配碎片化学习需求，本书配套了同步视频讲解、案例素材与源文件。无论您是课堂学习，还是业余自学，都能通过直观的操作演示快速掌握技巧。此外，书中特

I

别引入"霍尔顿培训迁移模型",通过"预备知识→学习实践活动→实战演习"的递进结构,确保知识的高效转化与应用。

技术是冰冷的工具,但创意是温暖的火花。希望这本书能成为您探索设计世界的忠实伙伴,让 AI 的智慧与您的灵感交织,创造出令人惊叹的作品。无论您是初出茅庐的新手,还是经验丰富的设计师,愿这本书助您在智能图像处理的征程中乘风破浪,开启属于您的创作新时代!

本书配套资源(视频、素材、整合包)可扫描下方二维码获取。由于编者水平有限,书中疏漏之处在所难免,如有任何疑问或建议,欢迎发送邮件至 duy@tup.tsinghua.edu.cn,您的反馈将是我们持续优化的动力。

视频

素材

整合包

作者
2025 年 4 月

CONTENTS 目 录

第 1 章 任务：初识与 AI 结合的 Photoshop

1.1 预备知识 ···1
   1.1.1 Photoshop 的发展历程 ··············1
   1.1.2 当下 Photoshop 与 AI 的结合应用 ·····1
   1.1.3 图像的相关概念 ·····················3
1.2 学习实践活动 ···································4
   1.2.1 活动：使用智能的"学习"功能 ·····4
   1.2.2 活动：认识 Photoshop 的工作界面 ···5
   1.2.3 活动：新建与打开文档 ·············6
   1.2.4 活动：无干扰预览图像效果 ·········7
   1.2.5 活动：多个窗口查看文档 ···········7
   1.2.6 活动：查看完整 / 局部图像 ·········8
   1.2.7 活动：使用标尺、参考线、网格
          等辅助工具 ·························8
   1.2.8 活动：文件的置入、导出与保存 ·····9
   1.2.9 活动：修改图像尺寸与画布大小 ···11
   1.2.10 活动：撤销与恢复之前的操作 ·····12
   1.2.11 活动：复制与粘贴图像 ···········12
   1.2.12 活动：变换命令的使用 ···········13
   1.2.13 活动：选区内图像的变换 ·········13
   1.2.14 活动：内容识别缩放 ·············14
   1.2.15 使用"操控变形"命令修改卡通
           人物的动作 ·······················14
   1.2.16 活动：天空替换 ·················15
   1.2.17 活动："裁剪工具"的使用 ········16
   1.2.18 活动：使用 AI 自动填充扩大
           版面 ·····························17
   1.2.19 活动：使用 AI 智能生成指定
           内容 ·····························18
1.3 设计师岗位实战演习 ·························19
   1.3.1 替换天空并制作旅行海报 ··········19
   1.3.2 利用 AI 生成式填充扩充照片，
          并进行二次构图 ····················21

第 2 章 任务：选区结合 AI 的智能应用

2.1 预备知识 ·······································23
   2.1.1 什么是选区 ························23
   2.1.2 选区工具组 ························23
   2.1.3 认识 AI 智能上下文工具栏 ········24
   2.1.4 蒙版的原理 ························24
2.2 学习实践活动 ·································24
   2.2.1 活动：使用选框工具选取规则
         内容 ·······························24
   2.2.2 活动：使用"套索工具"选取
         不规则内容 ·························26
   2.2.3 活动：使用"多边形套索工具"
         选取不规则内容 ····················26

2.2.4	活动：使用"磁性套索工具"选取不规则内容	27
2.2.5	活动：使用"对象选择工具"抠图	28
2.2.6	活动：使用"快速选择工具"抠图	28
2.2.7	活动：使用"魔棒工具"抠图	29
2.2.8	活动：利用"创成式填充"智能生成背景	30
2.2.9	活动：AI 创成式填充关键词的组织	31
2.2.10	活动：使用"焦点区域"命令抠图	31
2.2.11	活动：使用"主体"命令抠图	32
2.2.12	活动：使用"天空"命令调色	32
2.2.13	活动：使用"色彩范围"命令变色	33
2.2.14	活动：调整边缘轻松抠毛发	34
2.2.15	活动：使用快速蒙版抠图	35
2.2.16	活动：使用自动融合工具	36

2.3 设计师岗位实战演习 37
  2.3.1 使用上下文工具进行智能填充完善奶茶海报 37
  2.3.2 AI 智能结合选区工具制作椰子海报 38

第 3 章 任务：Photoshop 结合 AI 绘制与修饰图像

3.1 预备知识 40
  3.1.1 认识前景色与背景色 40
  3.1.2 认识拾色器 40
  3.1.3 "颜色"与"色板"面板 41
  3.1.4 认识基本绘画工具 41
  3.1.5 认识 AI 神经滤镜 Neural Filters 42

3.2 学习实践活动 42
  3.2.1 活动：运用综合工具绘制颜色完成演唱会海报设计 42
  3.2.2 活动：使用色板更换衣服颜色 43
  3.2.3 活动：画笔工具 44
  3.2.4 活动：使用"颜色替换工具"给证件照换背景色 45
  3.2.5 活动：使用"混合器画笔工具"绘制图形 46
  3.2.6 活动：使用"污点修复画笔工具"修复皮肤 46
  3.2.7 活动：用"移除工具"调整照片 47
  3.2.8 活动：用"修复画笔工具"修复水果 47
  3.2.9 活动：用"修补工具"修补瑕疵 48
  3.2.10 活动：用"修补工具"调整画面 48
  3.2.11 活动：用"仿制图章工具"修补瑕疵 49
  3.2.12 活动：用"图案图章工具"绘制背景 49
  3.2.13 活动：用智能 Neural Filters 滤镜"皮肤平滑度"给人脸磨皮 50
  3.2.14 活动：用智能 Neural Filters 滤镜"妆容迁移"上妆 50
  3.2.15 活动：用智能 Neural Filters 滤镜"创意"组调整图像 51
  3.2.16 活动：用智能 Neural Filters 滤镜"协调"调整色调 52
  3.2.17 活动：用智能 Neural Filters 滤镜"色彩转移"调整色调 52
  3.2.18 活动：用智能 Neural Filters 滤镜"着色"调整色调 52
  3.2.19 活动：用智能 Neural Filters 滤镜调整摄影作品 53

3.2.20 活动：用智能 Neural Filters 滤镜
　　　　　修复老照片 ·················· 54
3.3 设计师岗位实战演习 ············· 54
　　3.3.1 使用 AI 智能滤镜与 Photoshop
　　　　　工具精修写真 ················ 54
　　3.3.2 使用 AI 智能滤镜与 Photoshop
　　　　　工具制作电影海报 ············ 61

第 4 章　任务：图层与图层蒙版的使用

4.1 预备知识 ······················· 63
　　4.1.1 认识图层与"图层"面板 ······ 63
　　4.1.2 认识 AI 智能对象图层 ········ 64
　　4.1.3 认识图层样式 ················ 64
　　4.1.4 认识图层混合模式 ············ 64
　　4.1.5 认识蒙版 ···················· 65
4.2 学习实践活动 ··················· 65
　　4.2.1 活动：创建、编辑与管理图层 ······ 65
　　4.2.2 活动：添加图层样式制作立体字 ···· 67
　　4.2.3 活动：利用图层混合模式融合
　　　　　光效 ························ 68
　　4.2.4 活动：利用图层蒙版合成酒店
　　　　　宣传页 ······················ 69
　　4.2.5 活动：利用剪贴蒙版为照片添加
　　　　　木质相框 ···················· 70
4.3 设计师岗位实战演习 ············· 71
　　4.3.1 制作农产品宣传页 ············ 71
　　4.3.2 制作城市宣传页 ·············· 73

第 5 章　任务：应用矢量工具与路径绘制图形

5.1 预备知识 ······················· 76
　　5.1.1 认识矢量工具选项栏 ·········· 76
　　5.1.2 认识路径与锚点 ·············· 77
　　5.1.3 认识"钢笔工具" ············ 78
　　5.1.4 选择与编辑路径 ·············· 78
　　5.1.5 认识"路径"面板 ············ 78
　　5.1.6 形状工具 ···················· 79
5.2 学习实践活动 ··················· 79
　　5.2.1 活动：使用"钢笔工具"绘制
　　　　　心形 ························ 79
　　5.2.2 活动：使用"路径"面板绘制
　　　　　卡通图像 ···················· 80
　　5.2.3 活动：使用形状工具绘制创意
　　　　　图标 ························ 82
　　5.2.4 活动：使用"钢笔工具"制作
　　　　　淘宝主图 ···················· 84
5.3 设计师岗位实战演习 ············· 85
　　5.3.1 使用"钢笔工具"绘制火焰
　　　　　LOGO 图标 ··················· 85
　　5.3.2 使用矢量工具绘制国风饮品
　　　　　海报 ························ 88

第 6 章　任务：应用文字工具

- 6.1 预备知识 ·· 91
  - 6.1.1 认识点文本与段落文本 ·············· 91
  - 6.1.2 认识文字工具选项栏和"字符"面板、"段落"面板 ·············· 91
  - 6.1.3 创建路径文字 ·························· 92
  - 6.1.4 将文字转换为路径和形状 ············ 92
- 6.2 学习实践活动 ······································ 93
  - 6.2.1 活动：使用文字工具制作品牌吊牌 ································· 93
  - 6.2.2 活动：使用文字工具和路径工具制作插画 ·························· 94
  - 6.2.3 活动：使用路径文字制作创意文字 ································· 94
- 6.3 设计师岗位实战演习 ······························ 96
  - 6.3.1 中国风招聘海报的制作 ·············· 96
  - 6.3.2 "五四"青年节创意字设计 ············ 98

第 7 章　任务：图像颜色与色调的调整

- 7.1 预备知识 ·· 101
  - 7.1.1 色彩的三要素 ·························· 101
  - 7.1.2 图像常用的颜色模式 ·················· 102
  - 7.1.3 Photoshop 内置的自动调整预设 ·· 103
  - 7.1.4 图像颜色调整功能的 3 种应用 ······ 103
- 7.2 学习实践活动 ······································ 104
  - 7.2.1 活动：使用自动色调调整图片 ······ 104

- 7.2.2 活动：使用"曲线"工具提升摄影作品质量 ·························· 104
- 7.2.3 活动：使用"色彩平衡"命令校色图片 ································ 105
- 7.2.4 活动：使用"黑白"命令制作艺术照 ································· 106
- 7.2.5 活动：使用"阴影/高光"调整逆光照片 ······························ 106
- 7.2.6 活动：使用"照片滤镜"命令校正偏色 ······························ 107
- 7.2.7 活动：使用"HDR 色调"优化风光摄影作品 ·························· 108
- 7.3 设计师岗位实战演习 ······························ 108
  - 7.3.1 运用调整图层，制作化妆品海报 ·································· 108
  - 7.3.2 运用色调调整，将暖色调更改为清冷色调 ·························· 111

第 8 章　任务：滤镜

- 8.1 预备知识 ·· 113
  - 8.1.1 认识滤镜 ······························· 113
  - 8.1.2 认识智能滤镜 ·························· 114
  - 8.1.3 了解滤镜库 ····························· 114
  - 8.1.4 认识 Camera Raw 滤镜 ·············· 114
  - 8.1.5 认识 AI 神经滤镜 Neural Filters 中的其他功能 ·························· 115
- 8.2 学习实践活动 ······································ 115
  - 8.2.1 活动：使用"液化"滤镜调整人物的身材和脸形 ······················ 115
  - 8.2.2 活动：使用"风格化"滤镜制作拼贴效果 ······························ 116

8.2.3	活动：使用"模糊"滤镜制作疾驰的汽车效果 ………………… 117		9.3	设计师岗位实战演习 …………… 142
8.2.4	活动：使用"渲染"和"模糊"滤镜制作水波纹效果 ………… 117		9.3.1	使用 Photoshop 结合 SD 制作 3D 风格书店 H5 海报 ………… 142
8.2.5	活动：使用"锐化"滤镜提高画面清晰度 …………………… 119		9.3.2	使用图生图涂鸦重绘实现模特换装 ………………………… 144
8.3	设计师岗位实战演习 …………… 119			
8.3.1	制作冲浪宣传海报 …………… 119			
8.3.2	将风景画转换为水彩画效果 …… 122			

第 9 章 任务：Photoshop 结合 Stable Diffusion 的应用

第 10 章 任务：Photoshop 结合 Midjourney 的应用

9.1	预备知识 ………………………… 124		10.1	预备知识 ………………………… 146
9.1.1	Stable Diffusion 简介 ………… 124		10.1.1	Midjourney 的基本用法 ……… 146
9.1.2	SD 的配置与安装部署 ………… 124		10.1.2	Midjourney 的常见指令介绍 … 149
9.1.3	认识模型区 …………………… 125		10.1.3	Midjourney 的关键词结构和常用参数 ………………………… 149
9.1.4	了解提示词与反向词 ………… 126		10.2	学习实践活动 …………………… 150
9.1.5	编写提示词的基本原则 ……… 127		10.2.1	活动：使用 Midjourney 制作喷溅咖啡摄影图 ………………… 150
9.1.6	提示词编写技巧 ……………… 127		10.2.2	活动：使用 Midjourney 提炼蛋糕图关键词 ………………… 151
9.1.7	了解参数区 …………………… 127		10.2.3	活动：使用 Midjourney 对图像进行局部重绘 ……………… 153
9.2	学习实践活动 …………………… 128		10.3	设计师岗位实战演习 …………… 155
9.2.1	活动：体验编写提示词 ……… 128		10.3.1	使用 Midjourney 和 Photoshop 上下文工具智能制作香水海报 …… 155
9.2.2	活动：编写正反提示词 ……… 130		10.3.2	使用 Midjourney 和 Photoshop 上下文工具智能制作桃子包装 …… 156
9.2.3	活动：设置提示词的权重 …… 131		10.3.3	使用 Midjourney 和 Photoshop 智能制作芯片科技海报 ……… 158
9.2.4	活动：利用"AND"或者"|"融合内容 …………………… 133		10.3.4	使用 Midjourney 和 Potoshop 智能制作旅游景区海报 ……… 160
9.2.5	活动：利用"BREAK"间隔内容 … 134			
9.2.6	活动：熟悉文生图界面 ……… 135			
9.2.7	活动：下载、应用和管理模型 … 137			
9.2.8	活动：使用 ControlNet 将照片转换成插画风格 ……………… 141			

第 11 章　任务：Photoshop 结合文心一格的应用

- 11.1　预备知识 …………………………… 162
  - 11.1.1　文心一格简介 ………………… 162
  - 11.1.2　文心一格界面 ………………… 162
- 11.2　学习实践活动 ……………………… 164
  - 11.2.1　活动：使用文心一格生成中式写意山水画 ……………………… 164
  - 11.2.2　活动：使用文心一格制作姓氏艺术字 ……………………………… 164
  - 11.2.3　活动：结合文心一格的"商品换背景"功能和 Photoshop 制作电商主图 ……………………… 165
  - 11.2.4　活动：结合文心一格的 AI 编辑功能和 Photoshop 制作 IP 形象 …… 168
- 11.3　设计师岗位实战演习 ……………… 169
  - 11.3.1　使用文心一格和 Photoshop 制作出口红茶海报 ………………… 169
  - 11.3.2　使用文心一格和 Photoshop 制作助农橙子海报 ………………… 171

第 12 章　任务：Photoshop 的其他相关应用

- 12.1　预备知识 …………………………… 175
- 12.2　学习实践活动 ……………………… 175
  - 12.2.1　活动：使用"动作"面板与批处理功能自动给照片批量添加水印 ……………………… 175
  - 12.2.2　活动：使用切片功能为网页图片切片 ……………………… 177
  - 12.2.3　活动：使用 Photoshop 剪辑短视频 ……………………………… 179
  - 12.2.4　活动：使用"通道"面板与"钢笔工具"抠选玻璃制品 ……… 182
  - 12.2.5　活动：设置"首选项"让 Potoshop 运行更流畅 …………………… 185

第 1 章
任务：初识与 AI 结合的 Photoshop

Photoshop 作为 Adobe 公司旗下的核心图像编辑软件，以其强大的编辑功能和对用户友好的操作界面，深受全球平面设计师和美术爱好者的喜爱，Photoshop 的最新版本更是融合了前沿的 AI 技术，为用户提供了更为智能、更为便捷的图像编辑体验，是众多图像处理行业的首选工具。

1.1 预备知识

1.1.1 Photoshop 的发展历程

1987 年，美国密歇根大学托马斯·洛尔（Thomas Knoll）博士编写了一个名为 Display 的程序，可以在黑白显示器上显示灰阶图像，升级后更名为 Photoshop。Adobe 公司购买了其发行权，并于 1990 年推出 Photoshop 1.0。在随后的几年里，Photoshop 经历了多次重要的更新与迭代。

2018 年，Adobe 首次在 Photoshop CC 2018 版本中引入 AI 功能，这一技术革新显著提升了图像编辑的智能化水平。截至 Photoshop 2024 版，Photoshop 不断深化与 AI 技术的融合，优化图像生成、图像识别、自动修复和智能调色等功能，同时增加了云端协作、一键式滤镜等实用特性，使得图像处理工作更加高效与便捷。

1.1.2 当下 Photoshop 与 AI 的结合应用

当前 Photoshop 与 AI 技术的融合已成为图像处理领域的一大趋势，而 Photoshop 2024 集成的 AI 功能为各行各业带来了革命性的变革。

（1）对摄影师而言，Photoshop 中的 AI 工具能够智能识别图像中的主体和背景，实现一键抠图（见图 1.1.1）与替换天空（见图 1.1.2）等，极大地提升了后期处理的效率。同时，Photoshop 中，用户还能对照片进行智能锐化、降噪、磨皮等优化处理，使照片效果得到显著提升（见图 1.1.3）。

图 1.1.1

图 1.1.2

图 1.1.3

（2）在平面设计领域，设计师可以利用Photoshop中的AI辅助设计工具，快速生成符合设计主题的元素（见图1.1.4）和背景（见图1.1.5），节约大量的人力、物力，并为设计师提供灵感。

电商广告领域从业人员的工作效率（见图1.1.9）。

图 1.1.4

图 1.1.6

图 1.1.5

（3）对插画师和艺术家来说，Photoshop结合AI技术推出了智能绘画工具，能够根据插画师的草图及自然语言，自动生成高质量的插画作品，大幅降低了创作门槛，同时保留了艺术的独特性和创造性（见图1.1.6）。

（4）AI辅助Photoshop进行字体设计越来越方便，效果也更加出彩（见图1.1.7）。

（5）在广告设计领域，AI辅助Photoshop可以帮助广告从业者快速制作出吸引人的广告图像（见图1.1.8）。通过智能识别和合成技术，可以快速将产品融入各种场景，极大地提高了广告领域尤其是

图 1.1.7

图 1.1.8

> 第 1 章　任务：初识与 AI 结合的 Photoshop

图 1.1.9

（6）在室内设计和建筑设计领域，AI 辅助 Photoshop 可以方便设计人员在短时间内完成装修效果图的制作（见图 1.1.10），以及材质表现、造型设计（见图 1.1.11）等更多工作。

图 1.1.10

图 1.1.11

（7）在卡通形象设计和游戏角色设计方面，与 AI 结合的 Photoshop 也发挥着不可替代的作用（见图 1.1.12 和图 1.1.13）。

图 1.1.12

图 1.1.13

随着设计行业的不断发展，未来将会有更多工作可以使用 AI 加持下的 Photoshop 来完成，人们的工作效率也会得到大幅度提升，大家拭目以待。

1.1.3　图像的相关概念

1. 矢量图

矢量图，亦称向量图，是通过一系列计算机指令来描述和记录图像的方式。它主要记录对象的几

3

何形状、线条粗细及色彩等信息。

矢量图文件占据存储空间较小，非常适合应用于文字设计、图案设计、版式设计、标志设计、计算机辅助设计（CAD）等领域。

矢量图的一大特点是无论放大还是缩小，都不会出现图像失真的情况（见图1.1.14）。

图 1.1.14

矢量图主要适用于表示由规律线条组成的图形，如工程图、三维造型或艺术字等；对于由无规律的像素点组成的图像，如风景、人物、山水等，则难以用数学形式表达，不宜采用矢量图格式。此外，矢量图在制作色彩丰富、逼真的图像方面存在不足，并且在不同软件间交换数据也不太方便。

常见的矢量图处理软件包括 CorelDRAW、AutoCAD、Illustrator 和 FreeHand 等。

2. 位图

位图，又称点阵图或像素图。将位图放大到一定程度时，可以观察到它是由一个个小方格组成的，这些小方格被称为像素点。像素点是位图图像中最小的图像单位（见图1.1.15）。

图 1.1.15

位图的大小和质量取决于图像中的像素点数量。每平方英寸中所含像素点越多，图像越清晰，颜色之间的混合也越平滑，相应的占据的存储空间也越大。

与矢量图像相比，位图图像更容易模仿照片的真实效果。它的主要优点在于表现力强、细腻、层次丰富、细节丰富，可以非常容易地模拟出像照片一样的真实效果。

3. 像素与分辨率

每个位图文件都是由多个像素点组成的，像素是图像最基本的单元，承载着图像的颜色信息。图像单位面积内包含的像素越多，其颜色信息就越丰富，图像质量也随之提高（见图1.1.16），但同时文件大小也会增加。

图 1.1.16

分辨率，即单位面积内的像素数，通常用像素/英寸来表示。例如，一个分辨率为300ppi的图像，意味着每英寸包含300×300=90000像素。对于需要打印输出的文件，一般要求分辨率大于300ppi，以确保打印质量；而仅在网页上显示的图像，72ppi 或 96ppi 的分辨率即可满足需求。

1.2　学习实践活动

1.2.1　活动：使用智能的"学习"功能

01 双击 Photoshop 快捷方式，在打开的界面中选择"学习"选项，即可进入当前版本的"学习"界面（见图1.2.1），单击"查看全部"按钮，可以选择学习更多教程。

图 1.2.1

> 第 1 章 任务：初识与 AI 结合的 Photoshop

02 例如，选择第三个选项"初步了解选区工具"，根据界面右侧的学习教程，按照引导提示逐步操作，即可进行学习（见图 1.2.2）。

图 1.2.2

1.2.2 活动：认识 Photoshop 的工作界面

1. 打开工作界面

单击 Photoshop 界面左侧的"打开"按钮，打开一个图像文件，即可进入工作界面（见图 1.2.3）。此界面中包含菜单栏、工具选项栏、标题栏、工具箱、面板组、上下文任务栏等内容。

图 1.2.3

2. 查看菜单栏

菜单栏在工作界面顶部，大部分菜单包含子菜单。例如，单击"图像"菜单，选择"调整"选项，即可打开下级子菜单（见图 1.2.4）。

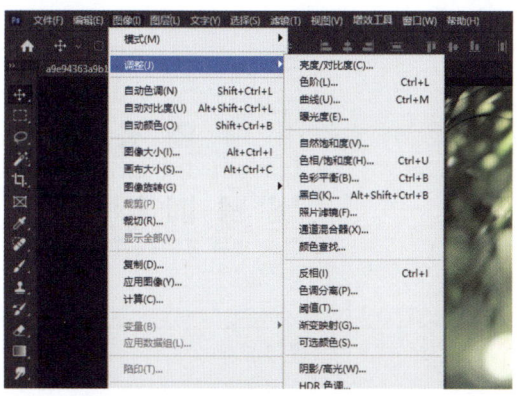

图 1.2.4

知识链接

（1）每个菜单名称后面有一个字母，例如"图像"菜单后面是 I，那么按下 Alt 键再按 I 键，即可打开"图像"菜单。

（2）菜单中部分命令后面有快捷键，例如"色阶"后面标注了 Ctrl+L，那么同时按下这两个键，即可打开"色阶"调整窗口。

3. 查看工具箱

Photoshop 的工具箱默认位于界面左侧。如果打开 Photoshop 未显示工具箱，可选择"窗口"菜单中的"工具"命令，显示工具箱（见图 1.2.5）。

单击顶部的">>"按钮可在工具箱单排和双排显示之间切换。

长按某工具按钮可弹出此工具组中的隐藏工具。

工具名称后面显示的字母为快捷键。例如，按下 V 键即可切换为"移动工具"。

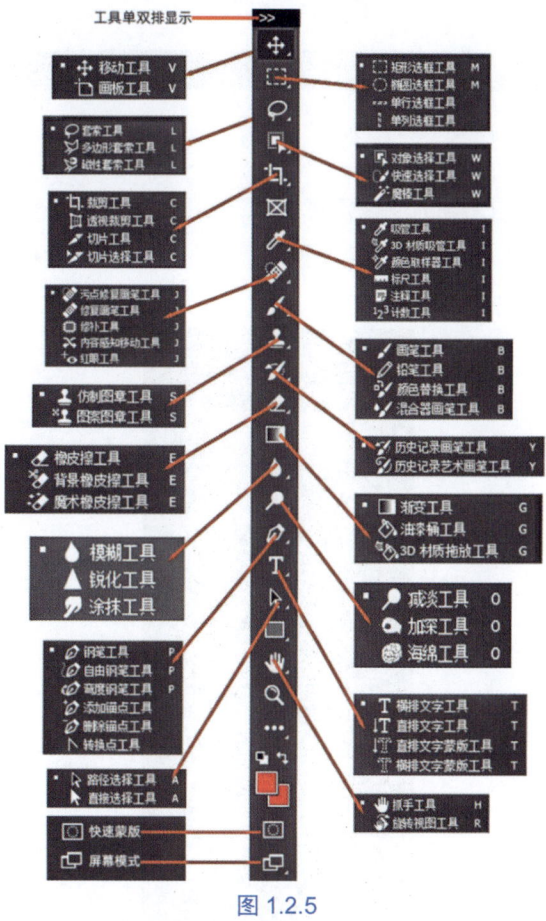

图 1.2.5

> **知识链接**
>
> 当将鼠标指针指向某工具按钮时，将弹出该工具的讲解视频，帮助用户学习该工具的使用方法（见图1.2.6）。

图 1.2.6

4. 了解工具选项栏

当选择某工具后，窗口顶部第二行将显示对应的工具选项栏。例如，单击文字工具，即显示文字工具选项栏，可调整字体、字号、颜色等（见图1.2.7）。

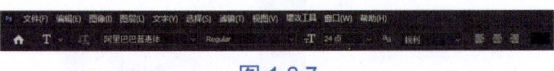

图 1.2.7

5. 了解面板组

工作界面右侧是面板组，默认显示常用的5个面板（见图1.2.8）。选择"窗口"菜单，可选择显示其他面板。

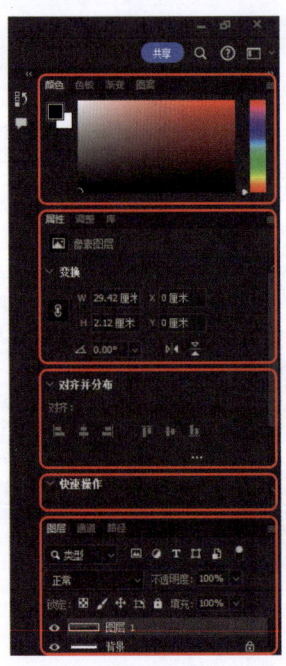

图 1.2.8

> **知识链接**
>
> 如果打开的面板过多或位置杂乱，可选择"窗口"菜单，选择"工作区"→"复位基本功能"命令，来整理、复位面板。

1.2.3 活动：新建与打开文档

1. 新建文档

单击 Photoshop 窗口中的"文件"菜单，选择"新建"命令，或者按下快捷键 Ctrl+N，或者单击窗口中蓝色的"新文档"按钮，都会打开"新建文档"对话框（见图1.2.9）。

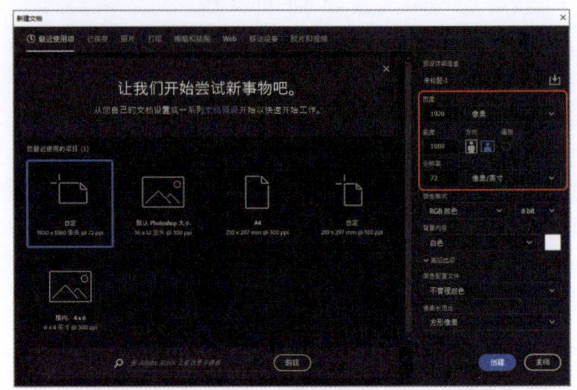

图 1.2.9

用户可以选择某种固定尺寸，也可以在右侧输入自定义尺寸，单击"创建"按钮，即可创建新文档。

2. 打开文档

单击 Photoshop 窗口中的"文件"菜单，选择"打开"命令，或者按下快捷键 Ctrl+O，都会打开"打开"对话框（见图1.2.10），在其中双击需要打开的文档即可。

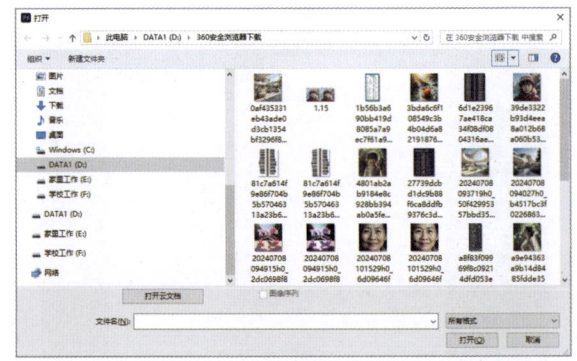

图 1.2.10

> 第1章 任务：初识与AI结合的Photoshop

知识链接

（1）在"打开"对话框中拖动鼠标，可选择多个文件。

（2）按住 Shift 键单击可选择多个连续的文件。

（3）按住 Ctrl 键单击可选择多个不连续的文件。

1.2.4 活动：无干扰预览图像效果

01 打开"素材 1.2-1"，单击工具箱底部的"屏幕模式"按钮，选择"带有菜单栏的全屏模式"（见图 1.2.11）。

图 1.2.11

02 再次单击"屏幕模式"按钮，可切换到"全屏模式"，无干扰预览图像（见图 1.2.12）。

图 1.2.12

按下键盘上的 Esc 键，将回到正常的带有操作界面的"标准模式"。

知识链接

多次按下 F 键，可以在以上 3 种屏幕模式之间切换；按下 Tab 键，可隐藏或显示工具箱、面板组和工具选项栏；按下快捷键 Shift+Tab，可隐藏或显示面板组。

1.2.5 活动：多个窗口查看文档

01 同时打开"素材 1.2-1""素材 1.2-2""素材 1.2-3""素材 1.2-4"4 个文档，选择"窗口"→"排列"菜单命令，子菜单中包含多种窗口排列选项（见图 1.2.13）。

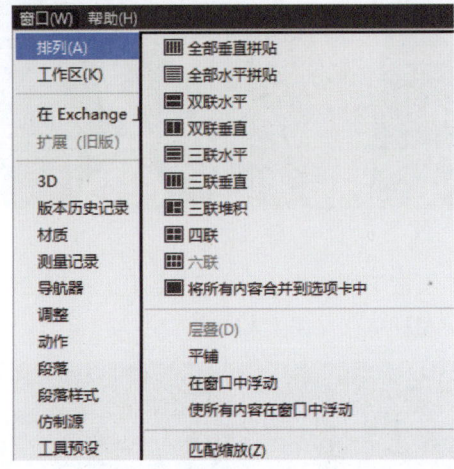

图 1.2.13

02 选择"全部垂直拼贴"命令，可在一屏上查看全部 4 个文档（见图 1.2.14）。

图 1.2.14

03 选择"双联水平"命令，可同时查看两个文档，方便进行图像比对（见图 1.2.15）。更多查看方式可在"排列"菜单中选择。

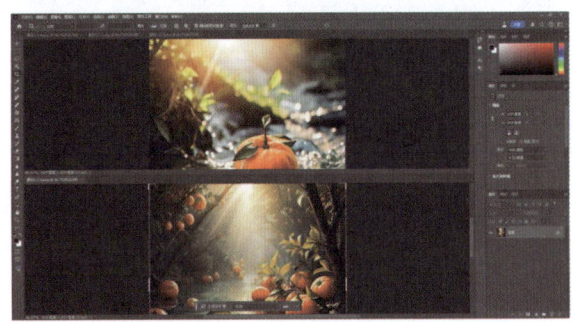

图 1.2.15

7

1.2.6 活动：查看完整/局部图像

01 打开"素材1.2-5"，多次按下快捷键Ctrl+ +（加号），可放大图像查看局部图像（见图1.2.16）。

图 1.2.16

02 多次按下快捷键Ctrl+ -（减号），可缩小图像查看完整图像（见图1.2.17）。

图 1.2.17

03 按下快捷键Ctrl+ 0，可将图像调整至适合窗口的大小查看图像（见图1.2.18）。

图 1.2.18

知识链接

（1）单击工具箱中的"放大镜工具" ，可放大显示图像；按住Alt键单击该工具可缩小显示图像。在图像某区域使用"放大镜工具"拖动可放大或缩小此区域。

（2）按下快捷键Ctrl+1可以100%的比例显示图像。

04 当将图像放大到超出屏幕显示时，按住Space（空格）键，鼠标指针变成"抓手工具"样式 ，可移动查看图像（见图1.2.19）。或者直接单击工具栏中的"抓手工具"也可实现此操作。

图 1.2.19

05 选择"窗口"→"导航器"菜单命令，在"导航器"面板中拖动红框可以定位显示局部图像（见图1.2.20）。

图 1.2.20

1.2.7 活动：使用标尺、参考线、网格等辅助工具

01 打开"素材1.2-6"，按下快捷键Ctrl+R，显示标尺（见图1.2.21），再次按下快捷键Ctrl+R，将隐藏标尺。

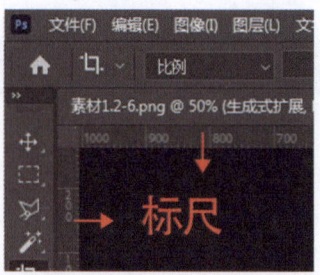

图 1.2.21

02 在标尺上右击，在弹出的快捷菜单中选择相应的命令，可将标尺的单位改为英寸、厘米等（见图1.2.22）。

> 第1章 任务：初识与 AI 结合的 Photoshop

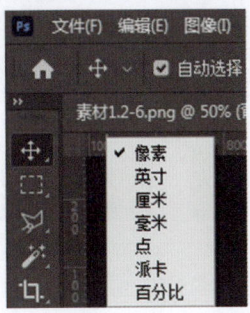

图 1.2.22

图 1.2.25

03 按下鼠标左键从标尺上拖动，即可拖出一根参考线（见图1.2.23）。

图 1.2.23

04 按下快捷键 Ctrl+;（分号），隐藏参考线。

知识链接

（1）显示标尺：选择"视图"→"标尺"菜单命令，也可显示标尺。

（2）精确创建参考线：选择"视图"→"参考线"→"新建参考线"菜单命令，在打开的对话框中，在"位置"文本框输入数值，可以精确创建参考线（见图1.2.24）。

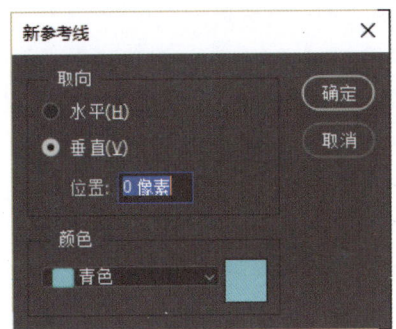

图 1.2.24

05 使用"矩形工具"■绘制一个矩形。选择"视图"→"显示"→"智能参考线"菜单命令，显示智能参考线。使用"移动工具"✥移动矩形，它将自动与页面边缘、中心点对齐（见图1.2.25）。

06 选择"视图"→"对齐"菜单命令，可取消对齐。选择"对齐到"命令，可选择与参考线、网格、图层、文档边界等对齐。

07 选择"视图"→"显示"→"网格"菜单命令，将显示网格线，绘制图形时可以帮助用户精准绘制（见图1.2.26）。

图 1.2.26

1.2.8 活动：文件的置入、导出与保存

01 打开文件。

按下快捷键 Ctrl+O，打开"素材 1.2-7"（见图 1.2.27）。

图 1.2.27

02 置入嵌入对象。

选择"文件"→"置入嵌入对象"菜单命令，在打开的对话框中找到"素材 1.2-8"，单击"置入"按钮，将插画牛油果的 EPS 文件置入（见图1.2.28）。

9

图 1.2.28

> **知识链接**
>
> （1）矢量文件例如 AI、PDF、EPS 等可以作为智能对象置入当前文档中，编辑时会保留原图像数据，不会因为编辑而改变其原始特性。
>
> （2）在 Photoshop 中，有些命令对智能对象不可用，可选择"图层"→"栅格化"→"智能对象"菜单命令，将矢量文件栅格化，使其变成普通对象。

③ 快速导出文件。

选择"文件"→"导出"→"快速导出为 PNG"菜单命令，给文件命名后，单击"保存"按钮即可。

④ 存储。

选择"文件"→"存储"菜单命令，在弹出的"存储为"对话框中选择 PSD、PSB、PDF、TIF 中的一种格式，单击"保存"按钮即可（见图 1.2.29）。

如果要换名保存或者换位置保存，可选择"文件"→"存储为"菜单命令，也会弹出"存储为"对话框。

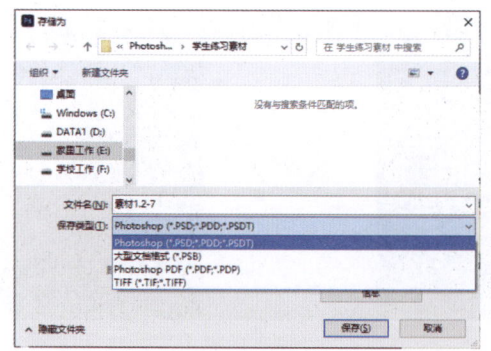

图 1.2.29

⑤ 存储副本。

选择"文件"→"存储副本"菜单命令，会弹出"存储副本"对话框，可选择 JPEG 等更多的存储格式（见图 1.2.30）。

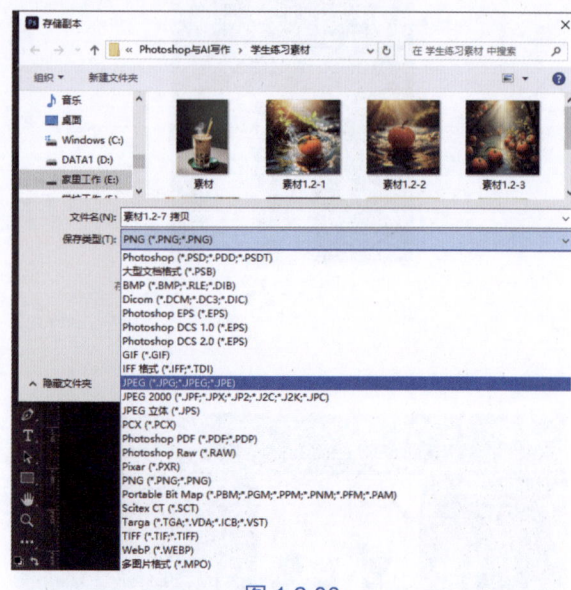

图 1.2.30

> **知识链接：Photoshop 常用文件格式**
>
> （1）PSD 格式（Photoshop Document）特点和应用场景如下。
>
> 特点：PSD 是 Photoshop 的默认文件格式，扩展名为 .psd。它能够保存图像的所有原始数据，包括图层、通道、路径、蒙版、文字样式等，便于后续的编辑和修改。PSD 格式是 Photoshop 用户最常用的源文件格式。
>
> 应用场景：适用于存储设计源文件，方便在不同版本的 Photoshop 之间迁移和共享。
>
> （2）JPEG 格式（Joint Photographic Experts Group）特点和应用场景如下。
>
> 特点：JPEG 是一种广泛使用的图像压缩格式，文件扩展名为 .jpg 或 .jpeg。它采用有损压缩技术，能够在保持较高图像质量的同时，显著减小文件体积，便于存储和传输。注意：多次编辑保存后可能会导致图像质量有一定的损失。
>
> 应用场景：适用于存储摄影作品、网页图片等，是网络上流行的图像格式之一。
>
> （3）PNG 格式（Portable Network Graphics）特点和应用场景如下。
>
> 特点：PNG 是一种无损压缩的图像格式，支持透明背景。它能够保留图像的所有颜色信息，同时保持较小的文件体积。PNG 格式还支持为原图像

定义多个透明层次，使得图像边缘能与任何背景平滑融合。

应用场景：适用于需要保留图像完整性和透明度的场合，如设计图标、按钮等 UI 元素，以及需要透明背景的网页图片。

（4）GIF 格式（Graphics Interchange Format）特点和应用场景如下。

特点：GIF 是一种支持动态和静态图像的压缩格式，文件扩展名为 .gif。它具有较小的文件体积和较快的加载速度，但只支持 256 色，因此在处理色彩丰富的图像时可能会受到限制。此外，GIF 还支持制作简单的动画效果。

应用场景：适用于制作简单的动画效果和图标，以及作为网页图像使用。

（5）TIFF 格式（Tagged Image File Format）特点和应用场景如下。

特点：TIFF 是一种灵活的图像文件格式，支持多种色彩模式和压缩方式。它能够最大限度地保持图像质量不受影响，并且能够保存文档中的图层信息及 Alpha 通道。TIFF 文件通常未经压缩或采用无损压缩，因此文件体积较大。

应用场景：适用于印刷出版领域，以及需要高质量图像输出的场合。

（6）BMP 格式（Bitmap Image File）特点和应用场景如下。

特点：BMP 是 Windows 操作系统中的标准图像文件格式，具有简单、无压缩的特点。它能够保留图像的原始数据，但文件体积通常较大。

应用场景：由于 BMP 格式不进行压缩处理，因此适用于对图像质量要求较高且不需要考虑文件体积的场合。

（7）除上述常用格式外，Photoshop 还支持多种其他文件格式。如 EPS（Encapsulated PostScript）格式常用于矢量图形的打印和出版；PDF（Portable Document Format）格式是一种跨平台的文档格式，适用于电子文档的发布和共享。

1.2.9　活动：修改图像尺寸与画布大小

① 打开"素材 1.2-9"（见图 1.2.31）。选择"图像"→"图像大小"菜单命令。

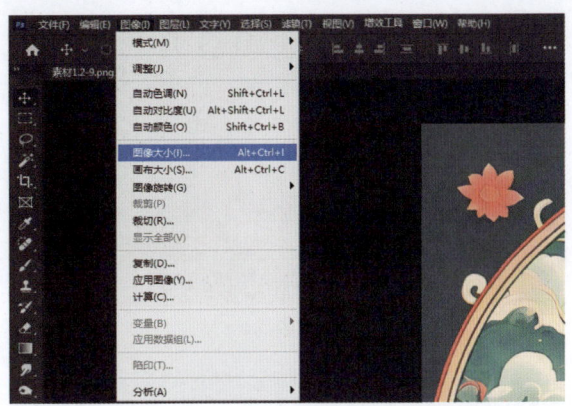

图 1.2.31

② 在弹出的"图像大小"对话框中，将"宽度"改为 30 厘米。由于约束了长宽比，"高度"也随之自动变为 30 厘米（见图 1.2.32）。单击"确定"按钮，则图像尺寸变小。

图 1.2.32

③ 选择"图像"→"画布大小"菜单命令，弹出"画布大小"对话框（见图 1.2.33）。选中"相对"复选框；在"宽度"和"高度"文本框中均输入 1；"定位"保持默认的中心位置；在"画布扩展颜色"下拉列表中选择一种暗红色。单击"确定"按钮。

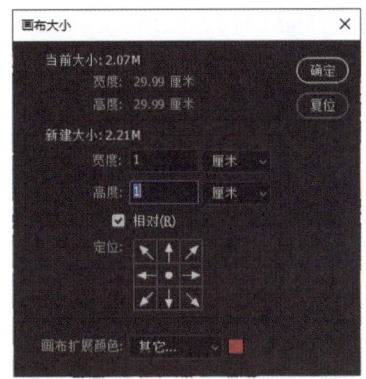

图 1.2.33

画布的 4 条边分别向外扩展 1 厘米，并填充暗红色，形成边框（见图 1.2.34）。

> 第 1 章　任务：初识与 AI 结合的 Photoshop

11

图 1.2.34

知识链接

（1）在 Photoshop 中，默认图像附着于画布之上。

（2）当选中"画布大小"对话框中的"相对"复选框时，更改画布大小是指相对于原画布增加或减少；若取消选中"相对"复选框，则会重新设定画布大小。

（3）"画布扩展颜色"可以使用拾色器选择任意颜色。

1.2.10 活动：撤销与恢复之前的操作

在使用 Photoshop 处理图像的过程中，如果出现操作失误，有多种方法撤销之前的操作。

01 撤销操作。

当上一步操作出现失误时，随即按下快捷键 Ctrl+Z，即可撤销上一步操作。如果需要撤销多步，多次按下快捷键 Ctrl+Z 即可。

或者选择"编辑"→"还原"菜单命令，也能撤销上一步操作。

要想撤销操作，还可以单击窗口右侧的"历史记录"图标，打开"历史记录"面板（见图 1.2.35），即可返回到操作过程中的任意一步。

图 1.2.35

02 恢复操作。

按下快捷键 Shift+Ctrl+Z，可恢复被撤销的操作。或者通过"历史记录"面板恢复到任意一步。

知识链接

当 Shift+Ctrl+Z 或者其他快捷键被输入法占用时，可暂时关闭输入法，或者选择"编辑"→"键盘快捷键和菜单"菜单命令，自定义快捷键。

1.2.11 活动：复制与粘贴图像

01 打开"素材 1.2-10"和"素材 1.2-11"，并选择"窗口"→"排列"→"双联垂直"菜单命令（见图 1.2.36）。

图 1.2.36

02 单击右边的窗口，按下快捷键 Ctrl+A 全选图像，按下快捷键 Ctrl+C 复制图像，单击左边的窗口，按下快捷键 Ctrl+V 粘贴图像（见图 1.2.37）。

图 1.2.37

03 按下快捷键 Ctrl+T，对粘贴过来的图像进行缩放调整；使用"移动工具"放在合适的位置，最终效果如图 1.2.38 所示。

知识链接

在上个学习活动中，右侧文档是透明背景的 PNG 格式的图像，用户也可以使用"移动工具"直接将图像从右侧窗口拖到左侧窗口中。

> 第1章 任务：初识与AI结合的Photoshop

图 1.2.38

1.2.12 活动：变换命令的使用

01 打开"素材 1.2-12"，选择"变换练习"图层，按下快捷键 Ctrl+T，显示定界框（见图 1.2.39）。

图 1.2.39

02 拖动定界框的 8 个控制点，即可对图像进行缩放；拖动图像时按住 Shift 键可实现单方向缩放，不再保持宽高比。当将鼠标指针放在图像的 4 个角上变成弯曲箭头时，即可进行旋转操作（见图 1.2.40）。

图 1.2.40

03 在定界框内右击，可选择"旋转180度""水平翻转""垂直翻转"等命令（见图1.2.41）。按 Enter 键确定变换。

图 1.2.41

04 依次选择快捷菜单中的"斜切""扭曲""透视"命令，可实现更多不同的效果（见图1.2.42）。

图 1.2.42

知识链接

选择"编辑"→"自由变换"或者"变换"菜单命令，也可以实现与上面相同的操作。

1.2.13 活动：选区内图像的变换

01 打开"素材 1.2-13"，单击工具箱里的"快速选择工具"，在柠檬瓣上拖动，直至选中整个柠檬瓣（见图 1.2.43）。

图 1.2.43

02 按下快捷键 Ctrl+T，拖动定界框上的节点，即可缩放、旋转选区内的柠檬瓣，实现局部变换（见图1.2.44）。

图 1.2.44

1.2.14 活动：内容识别缩放

在对人物照片进行缩放时，会造成人物变形，可使用"内容识别缩放"功能，保持人物比例不变形。

01 打开"素材 1.2-14"（见图 1.2.45）。

图 1.2.45

02 单击"编辑"→"内容识别缩放"菜单命令，在上方的工具选项栏中单击小人儿形状的"保护肤色"按钮（见图 1.2.46）。

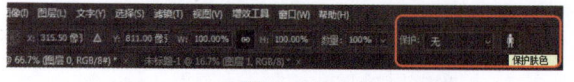

图 1.2.46

03 按住 Shift 键向右拖动图像边缘，发现人物保持原比例，而其他内容被横向放大（见图 1.2.47）。

图 1.2.47

1.2.15 使用"操控变形"命令修改卡通人物的动作

使用"操控变形"命令可以变形图像的局部内容，而其他部分不受影响。例如仅控制卡通长颈鹿的头和脖子。

01 打开"素材 1.2-15"（见图 1.2.48）。

图 1.2.48

02 单击"编辑"→"操控变形"菜单命令，在长颈鹿的四肢和躯体周围单击，钉上图钉使其固定，脖子及以上部位不要钉（见图 1.2.49）。

03 向左拖动长颈鹿的头部，使局部变形（见图 1.2.50）。在此过程中可以随时增加图钉，或者在图钉上右击，选择"删除图钉"命令。

图 1.2.49

> 第 1 章 任务：初识与 AI 结合的 Photoshop

图 1.2.50

图 1.2.52

04 按 Enter 键确定变形，可以看到长颈鹿的头和脖子仰了起来，但因图像变形，四角出现了空白区域。此时可使用"魔棒工具"选中空白区域，单击"编辑"→"填充"菜单命令，在弹出的对话框中选择"内容识别"选项，即可自动填充空白区域（见图 1.2.51）。

图 1.2.51

1.2.16 活动：天空替换

"天空替换"是 Photoshop 2024 中的智能工具，用户无须掌握复杂的图像处理技术，即可快速、便捷地将照片中的天空部分替换为其他天空图像。

用户可以使用软件内置的天空图像，也可以使用自己上传的天空图像，降低了 Photoshop 的使用门槛，提高了用户的操作体验和工作效率。

01 打开"素材 1.2-16"（见图 1.2.52）。

02 单击"编辑"→"天空替换"菜单命令，弹出"天空替换"面板（见图 1.2.53）。单击"天空"缩略图右侧的按钮，弹出下级面板，包含"蓝天""盛景""日落"3 个文件夹。选择"日落"中第三个选项，则天空可被替换。

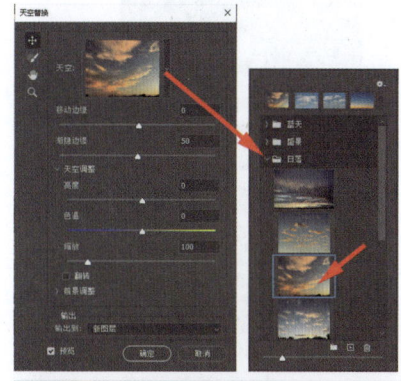

图 1.2.53

03 继续在"天空替换"面板中进行调整。向右拖动"天空调整"栏下的"亮度"滑块，使天空稍亮；向左拖动"色温"滑块，使天空的色温与下方的图像形成对比，直至画面和谐、通透（见图 1.2.54）。

04 单击"确定"按钮，"图层"面板中会出现新的图层组"天空替换组"（见图 1.2.55），用户可以在此面板中继续进行调整。

15

图 1.2.54

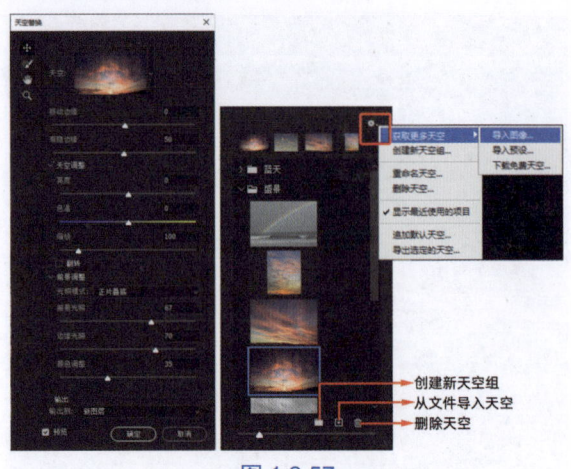

图 1.2.57

- 渐隐边缘：设置沿边缘从天空图像到原始照片的渐隐或羽化量。
- 亮度：调整天空的亮度。
- 色温：调整天空变暖或变冷的温度。
- 缩放：调整天空图像的大小。
- 翻转：水平翻转天空图像。
- 光照模式：确定用于光照调整的混合模式。
- 前景光照：用于设置前景的对比度，将其设置为 0 不会进行任何调整。
- 边缘光照：用于调整天空图像中对象边缘的光照，将其设置为 0 不会进行任何调整。
- 颜色调整：用于确定前景与天空颜色协调程度，将其设置为 0 不会进行任何调整。
- 输出：让用户选择对图像所做的更改是放在新图层（已命名的天空替换组）还是复制图层（单个拼合的图层）上。

1.2.17 活动："裁剪工具"的使用

在处理图像时，经常需要裁剪多余部分，用户可以使用"裁剪工具" 或者"图像"菜单下的"裁切"命令完成。

① 打开"素材 1.2-17"（见图 1.2.58）。

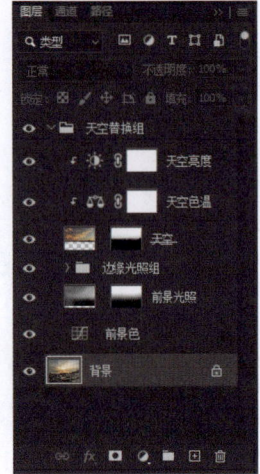

图 1.2.55

⑤ "天空替换"面板中包含多种天空效果（见图 1.2.56），不过用户也可以载入外部天空图像文件进行替换。

图 1.2.56

> **知识链接**
>
> "天空替换"面板中的各个选项与下级面板如图 1.2.57 所示。
>
> - 移动边缘：确定天空和原始图像之间边界的开始位置。

图 1.2.58

> 第 1 章 任务：初识与 AI 结合的 Photoshop

❷ 单击工具箱中的"裁剪工具" ，拖动四边的裁切线，或者拖动 4 个角的角形工具，将图像四周的白边裁剪掉（见图 1.2.59）。

图 1.2.59

❸ 为保证裁出的是正方形，在窗口顶部的裁剪工具选项栏单击"比例"后面的文本框，均输入 1（见图 1.2.60）。按 Enter 键确定操作，将裁切出比例为 1∶1 的正方形图像（见图 1.2.61）。

图 1.2.60

图 1.2.61

❹ 如果对裁剪出的图像有具体尺寸要求，例如 1000×1000 像素，分辨率为 300 像素/英寸，需要再次选择"裁剪工具"，单击"清除"按钮清除上次的数据，选择"宽×高×分辨率"选项，然后输入具体数据即可（见图 1.2.62）。

图 1.2.62

知识链接

（1）裁剪后的图像可以比原图像还要大。

（2）Photoshop 提供了三等分、网格、对角、三角形、黄金比例、金色螺线共 6 种构图参考线，用户可参考进行裁剪。

1.2.18 活动：使用 AI 自动填充扩大版面

Photoshop 2024 中的 AI 自动填充扩大版面功能，即 Generative Expand（生成式扩展）。通过向外调整裁剪边界，单击"生成"按钮，即可自动填充与原图主题相匹配的内容，创造出无缝衔接的扩展图像。

❶ 打开"素材 1.2-18"（见图 1.2.63）。

图 1.2.63

❷ 单击"裁剪工具"，按住 Alt 键拖动右侧边框进行左右方向的扩展，单击上下文任务栏中的"生成"按钮（见图 1.2.64）。如果未显示上下文任务栏，可在"窗口"菜单中选择"显示"命令。

图 1.2.64

17

03 等待绿色进度条到达最右边，图像左右两侧的空白区域将被填充与原图像匹配的画面（见图1.2.65 和图 1.2.66）。

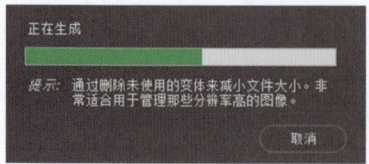

图 1.2.65

图 1.2.66

04 在右侧的"属性"面板中，在"变化"栏中出现 3 种生成结果，用户可选择其中一种来应用（见图 1.2.67）。在上方的"提示"文本框内可以撰写提示词，单击"生成"按钮，以生成指定的内容，与上下文任务栏的功能类似。

图 1.2.67

1.2.19 活动：使用 AI 智能生成指定内容

01 打开"素材 1.2-19"（见图 1.2.68）。

图 1.2.68

02 单击"裁剪工具"，向左拖动边框（见图1.2.69），在上下文任务栏内输入需要生成的内容，如"羽毛丰富的巨大的白色凤凰飞过来"，单击"生成"按钮。

图 1.2.69

03 在右侧的"变化"栏内比较生成的 3 种结果（见图 1.2.70、图 1.2.71 和图 1.2.72），选择其中一种即可。

图 1.2.70

图 1.2.71

图 1.2.72

AI 智能生成的图像有时可以直接使用，有时则需要进行后期处理才能使用。例如上面的 3 张图，生成的凤凰爪子是有问题的，需要后期处理。

1.3 设计师岗位实战演习

1.3.1 替换天空并制作旅行海报

1. 新建文件，复制、粘贴素材

01 按下快捷键 Ctrl+N 新建文件，在"新建文档"对话框中，设置"宽度"为"1242 像素"、"高度"为"2208 像素"、"分辨率"为"72 像素/英寸"（见图 1.3.1）。这是目前较为常用的手机竖屏海报尺寸。单击"创建"按钮，创建"未标题-1"。

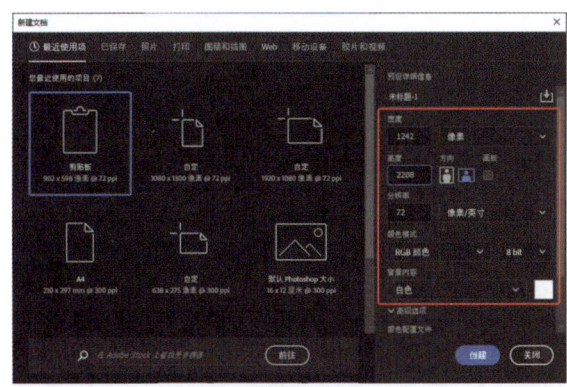

图 1.3.1

02 打开"素材 1.3-1"，按下快捷键 Ctrl+A 全选，按下快捷键 Ctrl+C 复制，回到"未标题-1"文档，按下快捷键 Ctrl+V 粘贴（见图 1.3.2）。

图 1.3.2

2. 变换、移动素材

01 按下快捷键 Ctrl+T，拖动定界框的 4 个角，缩小图像，最后按 Enter 键确定变换。

02 单击工具箱中的"移动工具"，将图像移动到合适的位置（见图 1.3.3）。

图 1.3.3

3. 智能识别填充空白处

①　使用工具箱中的"魔棒工具" 单击图像下方的空白处，空白处出现框形蚂蚁线。

②　单击"编辑"→"填充"菜单命令，在弹出的对话框中选择"内容识别"选项，单击"确定"按钮，空白处被填充与图像匹配的内容（见图1.3.4）。按快捷键 Ctrl+D 取消选区。

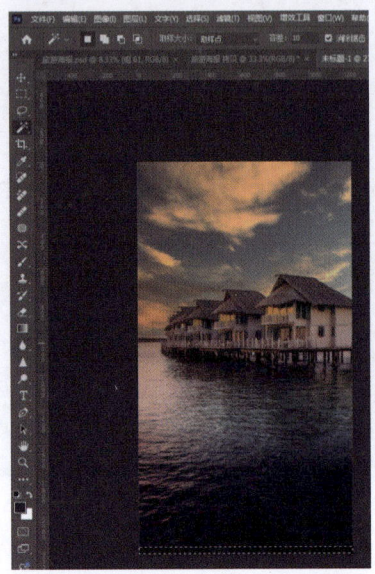

图 1.3.4

4. 替换天空晚霞

①　单击"编辑"→"天空替换"菜单命令，在弹出的对话框中选择"盛景"中第四个选项（见图1.3.5）。

图 1.3.5

②　调节"天空替换"面板中的参数，在云彩部分向上拖动，使画面更亮（见图1.3.6）。

图 1.3.6

5. 一次性打开多个文件，复制、粘贴、缩放、移动素材

①　选择"文件"→"打开"菜单命令，按住 Ctrl 键依次单击"素材1.3-2（标题文案）""素材1.3-3（内容文案）""素材1.3-4（价格文案）""素材1.3-5（信息文案）"，选中多个文档，单击"打开"按钮（见图1.3.7）。

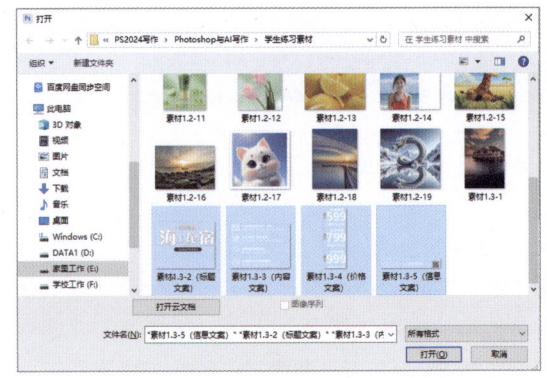

图 1.3.7

②　依次将打开的素材复制、粘贴入文档中，并按下快捷键 Ctrl+T 缩放至合适的大小，并移动到合适的位置（见图1.3.8）。

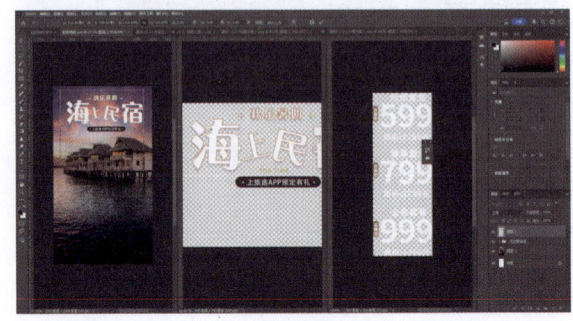

图 1.3.8

03 完成旅行海报的制作（见图1.3.9）。

图 1.3.9

6. 存储源文件并导出 PNG 格式的文件

01 选择"文件"→"存储为"菜单命令，在弹出的对话框中，先选择保存位置，然后输入文件名"岗位实战1.3.1"，设置"保存类型"为 Photoshop（*.PSD；*.PDD；*.PSDT），单击"保存"按钮（见图1.3.10）。

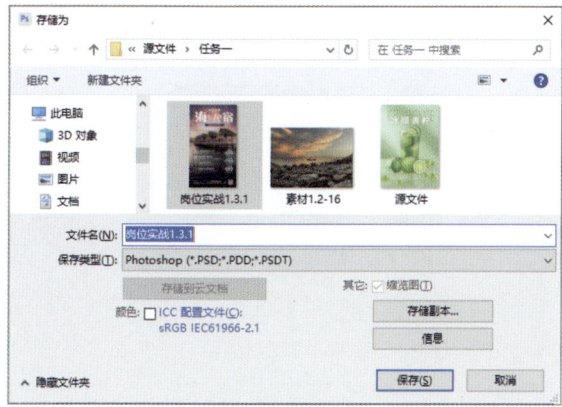

图 1.3.10

02 选择"文件"→"导出"→"快速导出为PNG"菜单命令，在弹出的对话框中选择保存位置，输入文件名即可。

知识链接

一般情况下，制作好的图像需要保存为.PSD和.PNG两种格式。.PSD格式为源文件格式，带有图层等信息，方便后期修改；.PNG格式则方便直接查看。

1.3.2 利用 AI 生成式填充扩充照片，并进行二次构图

1. AI 智能扩充照片

图 1.3.11

01 单击"裁剪工具"，拖动定界框的左、右、上方向（见图1.3.12），单击上下文任务栏中的"生成"按钮。

图 1.3.12

02 在窗口右边的"变化"面板中，选择3个结果当中最合适的一个（见图1.3.13）。

图 1.3.13

2. 使用"裁剪"工具进行二次构图

01 选择"窗口"菜单，取消显示上下文任务栏。

02 单击"裁剪工具"，单击上方裁剪工具选项栏中的"设置裁剪工具的叠加选项"按钮，选择"黄金比例"选项（见图1.3.14）。

03 拖动上、右定界框，使山坳位于正中心的位置，按Enter键确定裁剪，实现黄金比例构图（见图1.3.15）。

图1.3.15

图1.3.14

3. 导出文档

选择"文件"→"导出"→"快速导出为PNG"菜单命令，在弹出的对话框中选择保存位置，输入文件名即可。

第 2 章

任务：选区结合 AI 的智能应用

2.1 预备知识

2.1.1 什么是选区

在 Photoshop 中，最常见的操作就是对图像的局部进行处理，此时需要先指定被编辑的区域，也就是创建选区。例如，给橙子换背景有两种方式。第一种是将橙子以外的背景区域选中，对背景进行修改（见图 2.1.1）。

图 2.1.1

第二种是将橙子选中，将其从背景中分离出来，拖入新的背景（见图 2.1.2）。

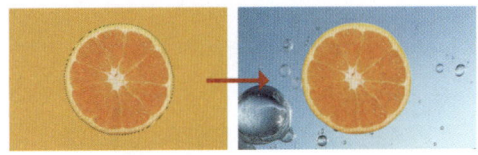

图 2.1.2

2.1.2 选区工具组

创建选区最常用的工具是选框工具组中的工具，用选框工具组中的工具创建的选区都是规则的几何图形（见图 2.1.3）。

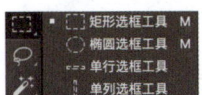

图 2.1.3

应用套索工具组中的工具可以创建不规则形状的选区。套索工具组包含 3 个工具，分别是"套索工具""多边形套索工具""磁性套索工具"（见图 2.1.4）。

图 2.1.4

对于纯色背景或者简单背景中的主体，可以运用"对象选择工具""快速选择工具""魔棒工具"快速进行选择，建立选区进行编辑（见图 2.1.5）。

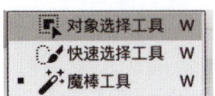

图 2.1.5

"色彩范围"选择对象的原理与"魔棒工具"相似，都可以创建颜色相同或相近的选区，但是"色彩范围"有更多的选项，用起来更方便（见图 2.1.6）。

图 2.1.6

23

2.1.3 认识 AI 智能上下文工具栏

Photoshop 2024 上下文工具栏中添加了更多内容，主要使用形式分为两部分。首先，在建立选区前，利用上下文工具可以快速完成选择主体、移除背景、转换图像、创建新的调整图层等操作（见图 2.1.7）。

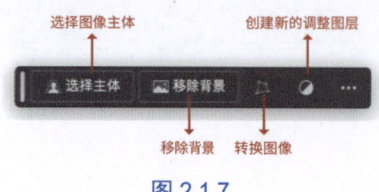

图 2.1.7

其次，建立选区后，利用上下文工具可以完成创成式填充（即完成 AI 智能文生图）、编辑选区、从选区创建蒙版、创建新的调整图层等操作（见图 2.1.8）。

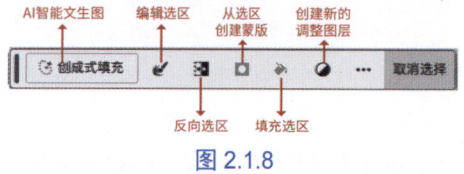

图 2.1.8

2.1.4 蒙版的原理

使用 Photoshop 的图层蒙版可以在不损坏原图的情况下，编辑局部内容。用黑色绘制的区域将隐藏图层内容，而用白色绘制的区域则会使图层内容可见。灰色调则用于表示不同程度的透明或半透明效果，从而实现更加精细的控制（见图 2.1.9）。

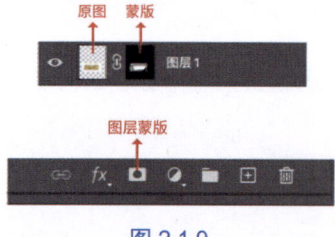

图 2.1.9

2.2 学习实践活动

2.2.1 活动：使用选框工具选取规则内容

01 选择"文件"→"打开"菜单命令（Ctrl+O），打开"素材 2.2-1"（见图 2.2.1）。

图 2.2.1

02 选择"图像"→"画布大小"菜单命令（Alt+Ctrl+C），打开"画布大小"对话框，设置"宽度"为 100、"高度"为 100，选中"相对"复选框。注意：设置"画布颜色"为"其他"，单击色块，设置颜色为（R=196, G=115, B=26），单击"确定"按钮（见图 2.2.2）。最终效果如图 2.2.3 所示。

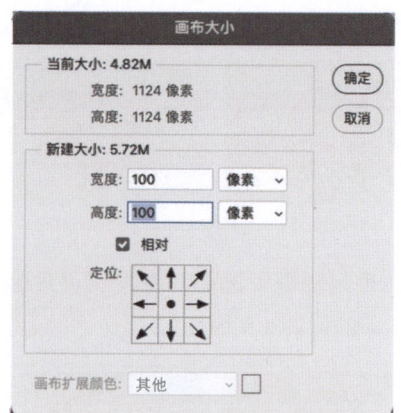

图 2.2.2

图 2.2.3

> 第 2 章 任务：选区结合 AI 的智能应用

③ 新建图层（Ctrl+Shift+N）。在工具栏中单击"矩形选框工具"，设置工具选项栏中的"羽化"为"5 像素"、"样式"为"正常"，在图像左上角按住鼠标左键拖动至图像右下角，建立矩形选区（见图 2.2.4）。

图 2.2.4

知识链接

设置好羽化值之后，直到下一次设置羽化值一直保持不变。因此，再次创建选区之前，应先将羽化值恢复为 0（见图 2.2.5）。如果选区较小，而羽化值较大，则会弹出一个警告："任何像素都不大于 50% 选择，选区边将不可见。"如果想继续建立选区，应当先按快捷键 Ctrl+D 取消选区，然后将羽化值改小，才能再次建立选区。

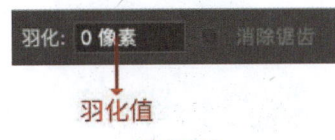

图 2.2.5

④ 选择"编辑"→"描边"菜单命令，设置"宽度"为"5 像素"，单击"颜色"右侧的色块，设置数值为 #ffbd00（见图 2.2.6），单击"确定"按钮，最终效果如图 2.2.7 所示。

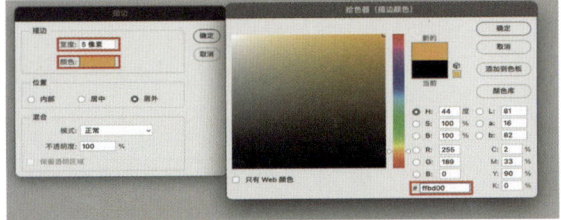

图 2.2.6

图 2.2.7

⑤ 选择"选择"→"变换选取"菜单命令。按住 Alt+Shift 键不松开，同时用鼠标向内拖动边界框右上角，等比例缩小选区（见图 2.2.8）。缩小到合适的大小后松开鼠标和键盘，双击鼠标确认。

图 2.2.8

⑥ 选择"编辑"→"描边"菜单命令，设置"宽度"为"5 像素"，单击"颜色"右侧的色块，设置数值为 #ffbd00（见图 2.2.9），单击"确定"按钮。出现描边效果后，按快捷键 Ctrl+D 取消选区，最终效果如图 2.2.10 所示。

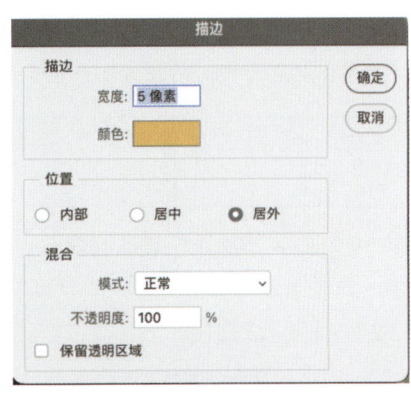

图 2.2.9

25

图 2.2.10

07 按下快捷键 Shift+Ctrl+S 保存文件，输入文件名"照片加边框"，设置"保存类型"为 PSD。

> **知识链接**
>
> 在矩形选区的选项栏中，"样式"下拉列表中的选项如图 2.2.11 所示。

图 2.2.11

- 正常：通过拖动鼠标可以创建任意大小的选区。
- 固定比例：可在右侧的"宽度"和"高度"文本框中输入数值，设定选区的宽高比。
- 固定大小：可在右侧的"宽度"和"高度"文本框中输入数值，设置选区的固定大小。设置完成后，在画布上单击，即可创建固定大小的选区。

按住 Shift 键的同时拖动鼠标，可以创建正方形选区；按住 Alt 键的同时拖动鼠标，可以创建以起点为中心的选区；同时按住 Shift+ Alt 键拖动鼠标，可以建立以起点为中心的正方形选区。

2.2.2 活动：使用"套索工具"选取不规则内容

01 选择"文件"→"打开"菜单命令，在弹出的对话框中，选择素材，单击"打开"按钮，打开"素材 2.2-2"（见图 2.2.12）。

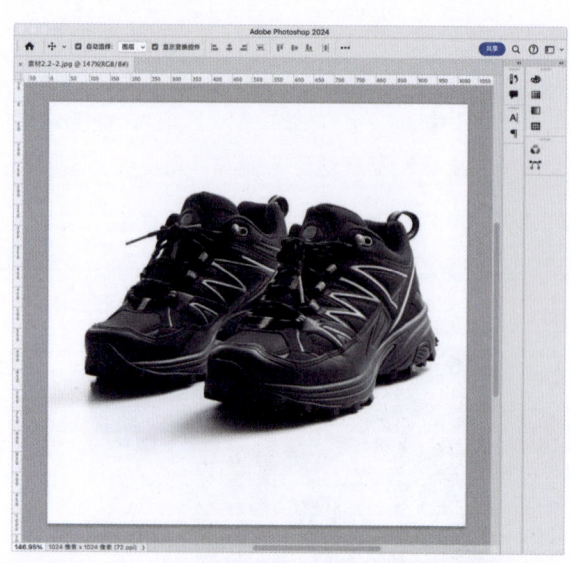

图 2.2.12

02 按住"套索工具"几秒，会自动弹出套索工具组（见图 2.2.13），选择"套索工具"。

图 2.2.13

03 按住鼠标左键拖动，完全圈住鞋子后，松开鼠标左键即可完成选区的创建（见图 2.2.14）。

图 2.2.14

> **知识链接**
>
> （1）使用"套索工具"创建选区的自由度较高，但是精准选择主体的难度较大。
>
> （2）在套索过程中，当出现锚点偏离主体的情况时可以按 Delete 键重新操作锚点。

2.2.3 活动：使用"多边形套索工具"选取不规则内容

01 打开"素材 2.2-3"（见图 2.2.15）。

> 第 2 章　任务：选区结合 AI 的智能应用

2.2.4　活动：使用"磁性套索工具"选取不规则内容

① 打开"素材 2.2-4"（见图 2.2.18）。

图 2.2.15

② 单击"多边形套索工具"（见图 2.2.16）。单击桌子左上角，拖动鼠标到桌子右上角单击，逐步完成在桌子不同位置的单击，最后将鼠标指针移至起点位置，完全圈住桌子后，松开鼠标左键即可完成选区的创建（见图 2.2.17）。

图 2.2.16

图 2.2.18

② 单击"磁性套索工具"（见图 2.2.19）。

图 2.2.19

③ 单击主图边界，建立选区起始点，然后沿主图边界缓慢移动鼠标，移动过程中会出现锚点。当将鼠标指针移动至起始点时，右下角出现一个圆圈，此时单击，即可建立选区（见图 2.2.20）。

图 2.2.17

图 2.2.20

知识链接

"多边形套索工具"适合创建一些由直线构成的多边形选区。

知识链接

"套索工具"可以自动识别图像边缘，若描绘错误可以按 Delete 键重新描绘。

2.2.5 活动：使用"对象选择工具"抠图

① 打开"素材 2.2-5"（见图 2.2.21）。

图 2.2.21

② 单击"对象选择工具"（见图 2.2.22）。

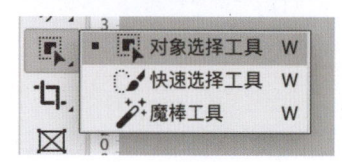

图 2.2.22

③ 选中"对象查找程序"复选框，将鼠标指针放在主体花束上，花束周围出现红色框线后单击，就可以快速建立选区（见图 2.2.23）。

图 2.2.23

2.2.6 活动：使用"快速选择工具"抠图

① 打开"素材 2.2-6"（见图 2.2.24）。

图 2.2.24

② 单击"快速选择工具"，单击工具选项栏中的"添加到选区"按钮（见图 2.2.25）。

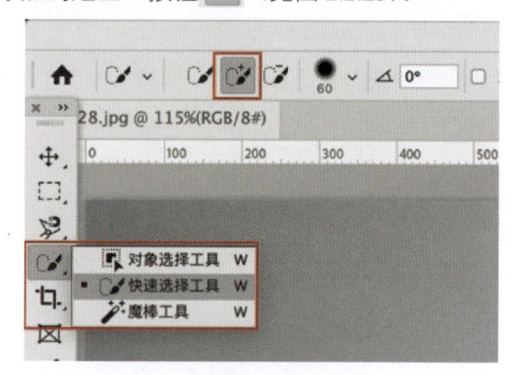

图 2.2.25

③ 将鼠标指针放在粉色帽子上单击并涂抹就可以选择图中的粉色帽子（见图 2.2.26）。

图 2.2.26

知识链接

（1）综合运用工具箱的 3 种选择工具，可以更准确地选择目标图像（见图 2.2.27）。

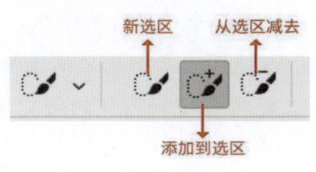

图 2.2.27

（2）按【键可以缩小"快速选择工具"的笔头，按】键可以增大"快速选择工具"的笔头。

04 按快捷键 Ctrl+J 复制选区到新图层，将帽子单独抠图到新图层（见图 2.2.28）。

图 2.2.28

05 打开"素材 2.2-7"，使用"移动工具"将抠出来的帽子拖入"素材 2.2-7"，最终效果如图 2.2.29 所示。

图 2.2.29

2.2.7 活动：使用"魔棒工具"抠图

01 打开"素材 2.2-8"（见图 2.2.30）。

图 2.2.30

02 单击"魔棒工具"，在工具选项栏中单击"添加到选区"按钮，"取样大小"默认为"取样点"，设置"容差"为 60（见图 2.2.31）。

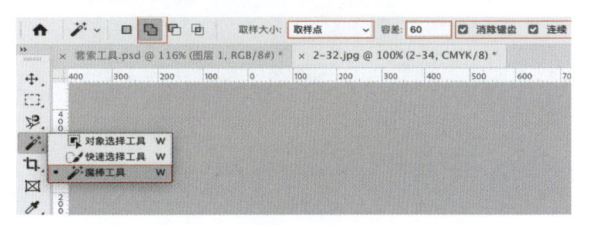

图 2.2.31

03 单击选中镜片（见图 2.2.32）。

图 2.2.32

04 按快捷键 Ctrl+U 出现"色相/饱和度"对话框，设置"色相"为 111，"饱和度"和"明度"默认为 0（见图 2.2.33）。

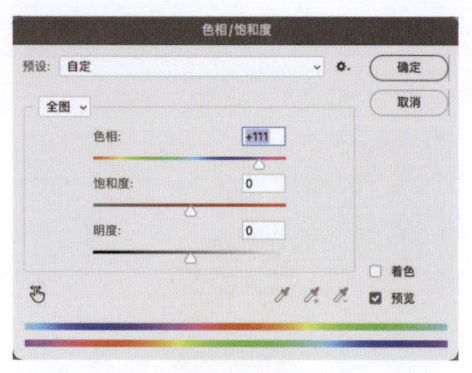

图 2.2.33

05 单击"确定"按钮,墨镜变成红色,按快捷键 Ctrl+D 取消选区,最终效果如图 2.2.34 所示。

图 2.2.34

知识链接

Photoshop 中的布尔运算功能是一种强大的工具(见图 2.2.35)。允许用户通过特定的运算逻辑来组合或分割图像中的选区。这种运算包括添加、减去及交叉运算,通过这些运算,用户可以创建各种复杂的选区,从而实现更精细的图像编辑。

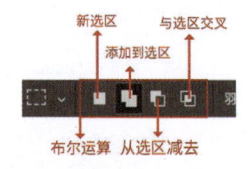

图 2.2.35

● 添加:当需要合并两个或多个选区时,可以使用加法运算。这通常意味着使用"矩形选框工具"或其他选区工具绘制第一个选区后,单击"添加到选区"按钮(或者按住 Shift 键),绘制第二个选区,这样两个选区就会合并成一个更大的选区。

● 减去:通过绘制第一个选区后,单击"从选区中减去"按钮(或按住 Alt 键),绘制第二个选区来实现。这样,将从第一个选区中减去第二个选区内的部分。

● 交叉:该选区是两个原始选区的交叉部分,这在需要精确控制图像的特定区域时非常有用。

2.2.8 活动:利用"创成式填充"智能生成背景

01 新建文件,设置"宽度"为"53 厘米"、"高度"为"44 厘米"、"方向"为"横向"、"分辨率"为"150 像素/英寸"、"颜色模式"为 CMYK 颜色(见图 2.2.36)。

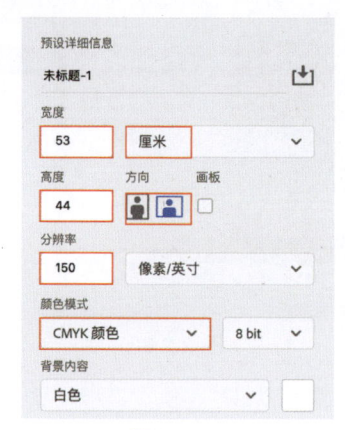

图 2.2.36

02 将素材文件夹中的"素材 2.2-9"拖入新建的文件内(见图 2.2.37)。

图 2.2.37

> 第 2 章　任务：选区结合 AI 的智能应用

03　用"矩形选框工具"框选图像空白区域，分别单击"创成式填充"和"生成"按钮，智能补充背景（见图 2.2.38）。

图 2.2.38

04　在"属性"面板中有 3 种背景填充可选，最终图像如图 2.2.39 所示。

图 2.2.39

2.2.9　活动：AI 创成式填充关键词的组织

01　打开"素材 2.2-10"，用"对象选择工具"选中图中的雏菊（见图 2.2.40）。

图 2.2.40

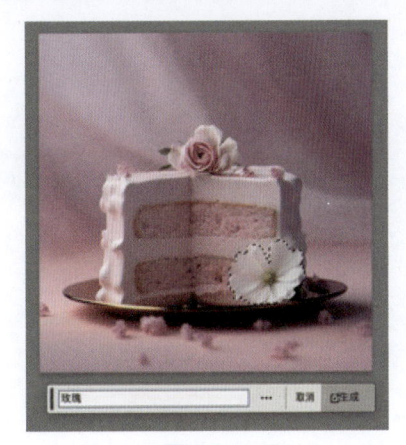

02　单击"创成式填充"按钮，输入"玫瑰"，单击"生成"按钮（见图 2.2.41）。

图 2.2.41

03　最终效果如图 2.2.42 所示。

图 2.2.42

2.2.10　活动：使用"焦点区域"命令抠图

01　打开"素材 2.2-11"。选择"选择"→"焦点区域"菜单命令（见图 2.2.43）。

图 2.2.43

31

02 在"焦点区域"对话框中选中"预览"复选框,保留弹窗,用"添加" 和"减去" 工具精准选中图中的飞机,单击"确定"按钮(见图2.2.44)。按快捷键 Ctrl+J 复制选区到新图层,即可将飞机抠出。

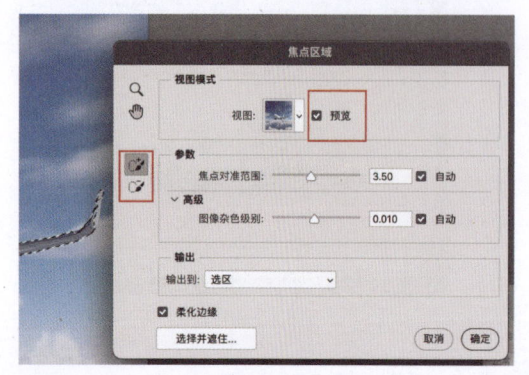

图 2.2.44

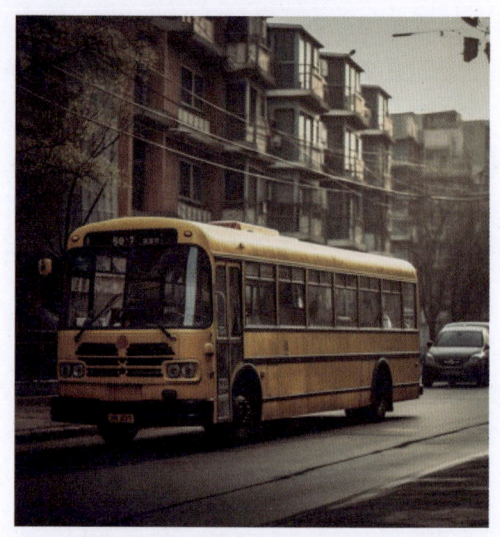

图 2.2.45

知识链接

(1)调整"焦点对准范围"参数可以扩大或缩小选区。如果将滑块移动到 0,则会选择整个图像。但是,如果将滑块移动到最右侧,则只选择图像中位于最清晰焦点内的部分。

(2)使用"添加"和"减去"画笔工具可以控制在选区中手动添加或移去区域。

(3)如果选择区域中存在杂色,请通过调整"高级"选项的"图像杂色级别"滑块控件进行控制。

(4)如果有需要,请选中"柔化边缘"复选框以羽化选区边缘。

(5)将选区调整到满意的效果之后,可以选取下列输出选项之一:选区(默认)、图层蒙版、新建图层、新建带有图层蒙版的图层、新建文档、新建带有图层蒙版的文档。

2.2.11 活动:使用"主体"命令抠图

01 打开"素材 2.2-12"(见图 2.2.45)。

02 选择"选择"→"主体"菜单命令(见图 2.2.46)。即可选择素材中的主体巴士,按快捷键 Ctrl+J 复制选区到新图层,即可将巴士单独抠出。

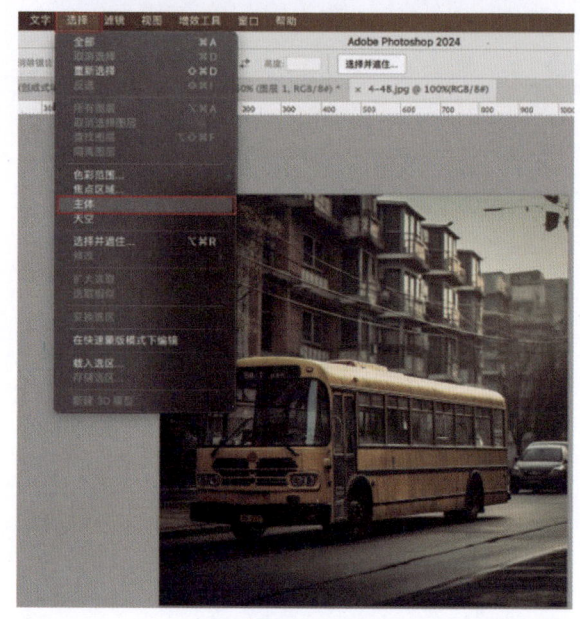

图 2.2.46

知识链接

使用"主体"命令抠图,主体边缘会存在不准确的现象,用户可以综合运用其他选区的工具进行选区的添加和减去。

2.2.12 活动:使用"天空"命令调色

01 打开"素材 2.2-13"。选择"选择"→"天空"菜单命令(见图 2.2.47)。即可自动建立素材中天空的选区(见图 2.2.48)。

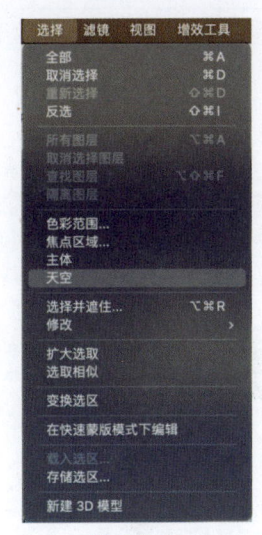

> 第 2 章 任务：选区结合 AI 的智能应用

图 2.2.47

图 2.2.50

2.2.13 活动：使用"色彩范围"命令变色

01 打开"素材 2.2-14"。选择"选择"→"色彩范围"菜单命令，弹出"色彩范围"对话框，使用"吸管工具"单击素材中的花朵，设置"颜色容差"为 100（见图 2.2.51）。

图 2.2.48

图 2.2.51

02 按快捷键 Ctrl+U 出现"色相/饱和度"对话框，选择"全图"选项，设置"色相"为 −5、"饱和度"为 75、"明度"为 42（见图 2.2.49），单击"确定"按钮，则天空颜色被修改，按快捷键 Ctrl+D 取消选区，效果如图 2.2.50 所示。

02 使用"添加取样工具"在图 2.2.52 中提示的两处取样点取样，单击"确定"按钮（见图 2.2.53）。

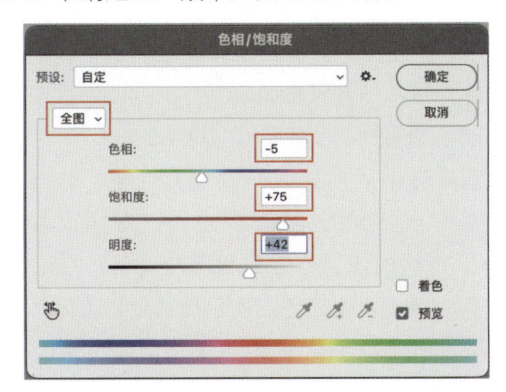

图 2.2.49

图 2.2.52

33

图 2.2.53

03 按快捷键 Ctrl+U 弹出"色相/饱和度"对话框，选择"全图"选项，设置"色相"为 40、"饱和度"为 –5、"明度"为 20（见图 2.2.54），单击"确定"按钮。按快捷键 Ctrl+D 取消选区（见图 2.2.55）。

图 2.2.54

图 2.2.55

2.2.14　活动：调整边缘轻松抠毛发

01 打开"素材 2.2-15"，单击"对象选择工具"（见图 2.2.56）。

图 2.2.56

02 单击人物主体，即可轻松选中图像中的人物和毛发（见图 2.2.57）。

图 2.2.57

03 选择"选择"→"在快速蒙版模式下编辑"菜单命令，进入快速蒙版编辑状态，此时未被选中的区域以半透明的红色显示（见图 2.2.58）。

04 工具箱中的前景色自动变为白色。选择"画笔工具"，适当调节画笔大小，将"硬度"设置为 100%，在模特未被选中的细节处涂抹，被涂抹的地方变成半透明的红色，表示被选中为选区。如果涂抹发生失误，可将前景色更换成黑色重新涂抹（见图 2.2.59）。

图 2.2.58

图 2.2.59

05 按快捷键 Ctrl+J，将饮品复制出来，隐藏原图。选择背景图层，单击"矩形选框工具"，框选背景（见图 2.2.60）。

图 2.2.60

2.2.15 活动：使用快速蒙版抠图

01 打开"素材 2.2-16"。按快捷键 Ctrl+A 全选，按快捷键 Ctrl+C 复制（见图 2.2.61）。

图 2.2.61

02 添加蒙版，按住 Alt 键单击蒙版（见图 2.2.62）。

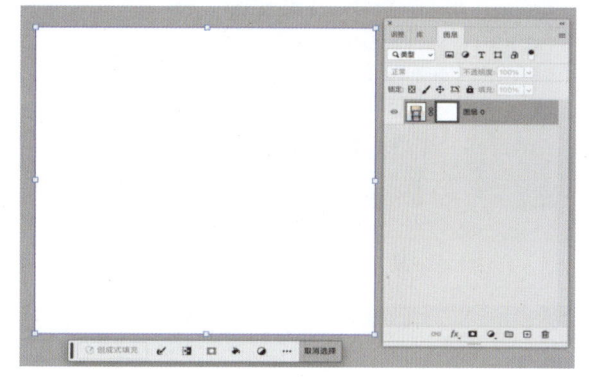

图 2.2.62

03 按快捷键 Ctrl+V 粘贴，按快捷键 Ctrl+I 反相（见图 2.2.63）。

图 2.2.63

04 单击水杯的图层模式窗口，按快捷键 Ctrl+U，在弹出的对话框中，将明度调到最高，单击"确定"按钮（见图 2.2.64）。

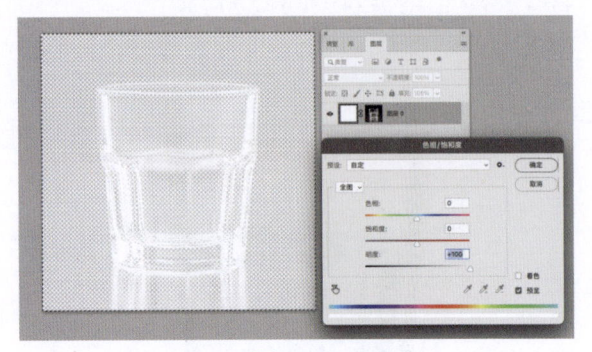

图 2.2.64

05 在水杯图层下方新建图层并填充颜色，透明水杯就抠完了（见图 2.2.65）。

图 2.2.65

知识链接

快速蒙版抠图法适合用在透明物体的抠图工作中。

2.2.16　活动：使用自动融合工具

01 打开"素材 2.2-17"和"素材 2.2-18"，将飞机图片调整到合适大小（见图 2.2.66）。

图 2.2.66

02 用"套索工具"选中飞机（见图 2.2.67）。

图 2.2.67

03 选择"选择"→"修改"→"羽化"菜单命令，在弹出的对话框中，设置"羽化半径"为 5，单击"确定"按钮（见图 2.2.68）。

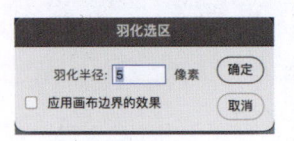

图 2.2.68

04 单击"素材 2.2-18"图层，按快捷键 Ctrl+J 将羽化后的图像粘贴在该图层上方，然后隐藏飞机原图层（见图 2.2.69）。

图 2.2.69

05 选择"图层 1"和"背景"图层，单击"选择"→"自动混合图层"菜单命令，选择"堆叠图像"单选按钮，单击"确定"按钮（见图 2.2.70）。

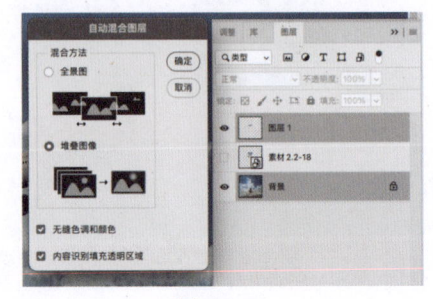

图 2.2.70

06 最终效果如图 2.2.71 所示。

图 2.2.71

2.3 设计师岗位实战演习

2.3.1 使用上下文工具进行智能填充完善奶茶海报

01 新建文件。尺寸：20cm×35cm，分辨率：150像素/英寸，颜色模式：CMYK 颜色（见图 2.3.1）。

图 2.3.1

02 打开"素材 2.3-1"，单击"对象选择工具"，选择主体，单击饮品主体，即可建立选区（见图 2.3.2）。

图 2.3.2

03 按快捷键 Ctrl+J，将饮品复制出来，隐藏原图。选择"背景"图层，单击"矩形选框工具"，框选整个背景（见图 2.3.3）。

图 2.3.3

04 在上下文工具栏中输入"浅绿色水墨画，山水，亭，水墨风格，颜色淡，素雅，淡色"，单击"生成"按钮（见图 2.3.4）。

图 2.3.4

05 在生成的图像中，选择适合的背景（见图 2.3.5）。

图 2.3.5

06 为海报添加文字（见图 2.3.6）。

图 2.3.6

2.3.2 AI 智能结合选区工具制作椰子海报

01 新建文档。尺寸：30cm×65cm，分辨率：300 像素/英寸，颜色模式：CMYK 颜色（见图 2.3.7）。

02 在工具箱中单击前景色（见图 2.3.8），设置前景色为（C=32, M=0, Y=7, K=0），单击"确定"按钮（见图 2.3.9）。

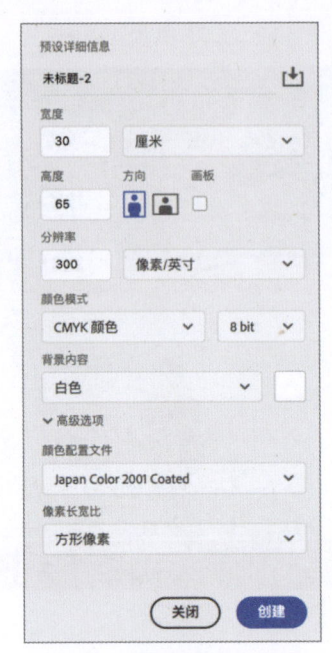

图 2.3.7

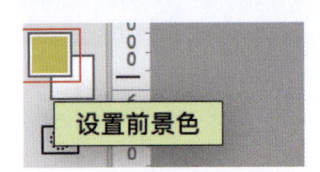

图 2.3.8

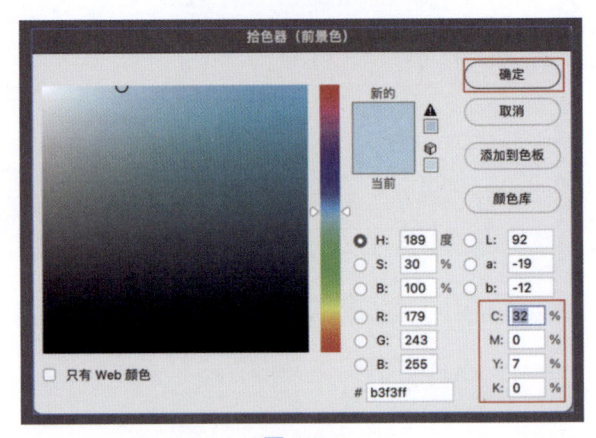

图 2.3.9

03 选择"背景"图层，按快捷键 Alt+Delete 填充前景色（见图 2.3.10）。

04 在海报的相应位置输入文案，用"矩形选框工具"绘制几何图形并上色（见图 2.3.11）。

05 选择"矩形选框工具"，框选海报空白处，在"创成式填充"文本框中输入"新鲜的椰子"，单击"生成"按钮，选择适合的图形（见图 2.3.12）。

> 第 2 章　任务：选区结合 AI 的智能应用

06　在椰子旁边，用"矩形选框工具"建立选区，继续用上下文工具生成"半个椰子"（见图 2.3.13）。

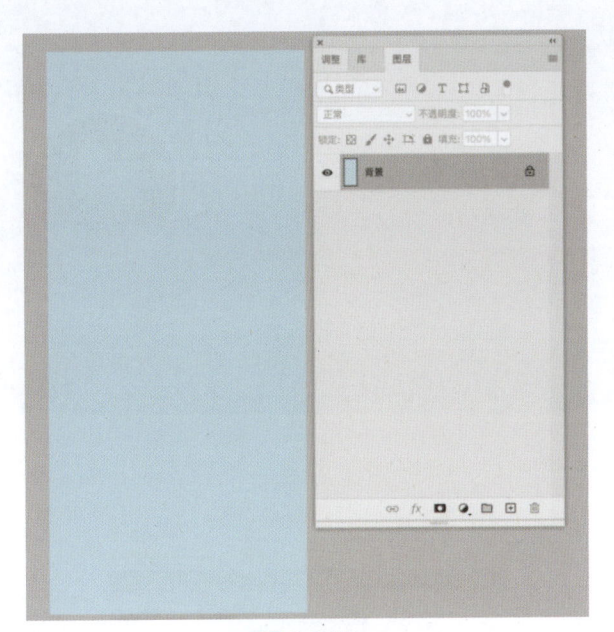

图 2.3.10

图 2.3.11

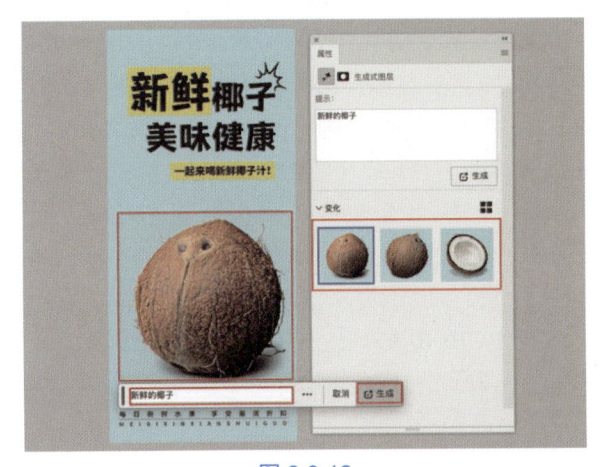

图 2.3.12

图 2.3.13

07　选择合适的图形，完成海报设计（见图 2.3.14）。

图 2.3.14

39

第 3 章

任务：Photoshop 结合 AI 绘制与修饰图像

3.1 预备知识

3.1.1 认识前景色与背景色

图像的绘制与填充离不开色彩，Photoshop 提供了非常出色的颜色选择工具，可以帮助人们实现各种绘制与创作要求。工具箱底部的前景色与背景色（见图 3.1.1）就是 Photoshop 常用的颜色工具。Photoshop 默认的前景色为黑色，背景色为白色。

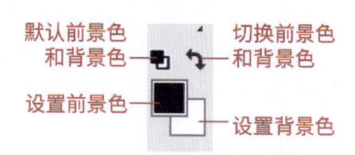

图 3.1.1

单击"默认前景色和背景色"按钮，或按下 D 键，可恢复默认颜色；单击"切换前景色和背景色"按钮，或按下 X 键，可交换前景色与背景色；单击"吸管工具" ，在图像上单击，即可将单击处的颜色设置为前景色。按住 Alt 键单击，即可设置为背景色。按住鼠标左键在窗口内拖曳，即可选中标题栏、菜单栏和面板的颜色。

3.1.2 认识拾色器

单击"设置前景色"或"设置背景色"按钮，弹出"拾色器（前景色）"对话框（见图 3.1.2），在色域中拖曳拾取颜色按钮，选择颜色，单击"确定"按钮，即可设置前景色或背景色。

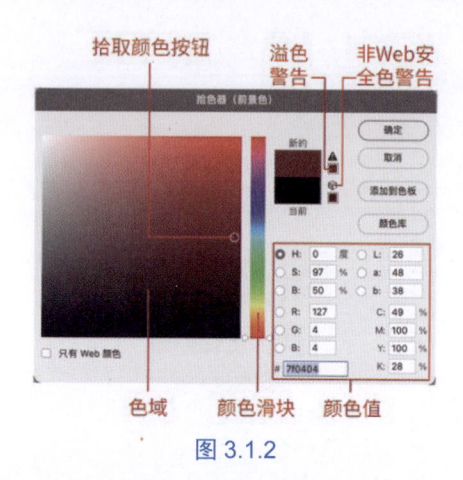

图 3.1.2

知识链接

（1）色域：即色彩范围，在其中拖动鼠标可以拾取颜色。

（2）颜色滑块：上下拖动滑块可以调整色域的显示范围。

（3）颜色值：在 HSB、Lab、RGB、CMYK 这 4 种颜色模式下，可手动输入数值设置颜色。

- HSB：H 为色相，S 为饱和度，B 为亮度，在这种颜色模式下，用色相环上的度数指定色相，用百分比值指定饱和度与亮度。
- Lab：L 为亮度，a 为绿色到洋红的颜色跨度，b 为蓝色到黄色的颜色跨度，值为 −128～+127。这种颜色模式色彩范围最广。
- RGB：R 为红色，G 为绿色，B 为蓝色，每种颜色的值在 0～255。

- CMYK：C 为青色，M 为洋红，Y 为黄色，K 为黑色，用百分比指定每种颜色的值。这种颜色模式色彩范围较小。

（4）输入框：可输入一个十六进制的值指定颜色，主要用于指定网页色彩。

（5）溢色警告：显示器使用的颜色模式为 RGB，打印机使用的颜色模式为 CMYK，显示器比打印机色域广，有些能显示的颜色打印不出来，那些能显示而不能打印的颜色就是"溢色"。如果出现溢色警告信息，可单击它下面的颜色块来替换溢色，这是 Photoshop 提供的与当前颜色最接近的可打印颜色。

（6）非 Web 安全色警告：为保证在计算机屏幕上看到的颜色与在其他系统 Web 浏览器中以同样的效果显示，在制作网页时，需要使用 Web 安全色。如果出现非 Web 安全色警告，可使用 Photoshop 提供的最接近的 Web 安全色进行替换。选中拾色器对话框左下角的"只有 Web 颜色"复选框，色域中将只显示 Web 安全色。

（7）添加到色板：如果经常用到某种颜色，可将其添加到"色板"面板中方便使用。

（8）颜色库：根据作品用途不同，Photoshop 提供了不同的颜色库，用户可根据需要选择。例如，PANTONE 颜色是专色重现的全球标准，其颜色指南和芯片色标簿会印在涂层、无涂层和哑面纸样上，以确保精确显示印刷结果并更好地进行印刷控制，可在 CMYK 下印刷 PANTONE 纯色。DIC 颜色通常在日本用于印刷项目。

3.1.3 "颜色"与"色板"面板

（1）选择"窗口"→"颜色"菜单命令，或者按 F6 键，显示"颜色"面板（见图 3.1.3）。

（2）选择"窗口"→"色板"菜单命令，即可显示"色板"面板（见图 3.1.4）。在面板中单击一个颜色，即可设置为前景色，按住 Ctrl 键单击则设为背景色。

如果为前景色设置了一个新颜色，单击"色板"面板右下角的"创建前景色的新色板"按钮，即可将这个新颜色添加到"色板"面板中。如果要删除色板中的某一种颜色，直接拖到"色板"面板

右下角的"删除色板"按钮上即可。

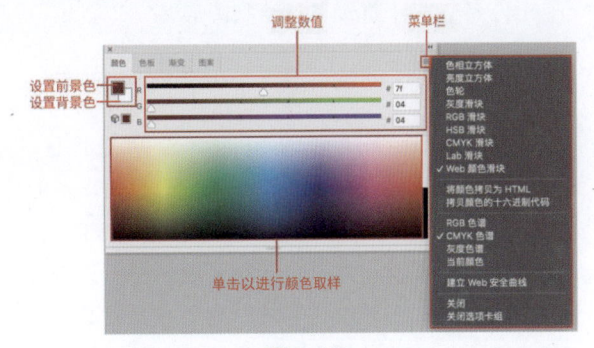

图 3.1.3

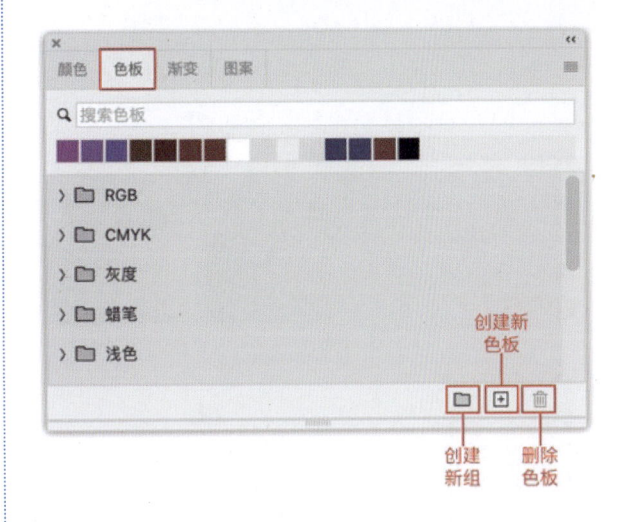

图 3.1.4

3.1.4 认识基本绘画工具

Photoshop 提供了多种功能强大的绘图工具，主要包括"画笔工具""铅笔工具""颜色替换工具""混合器画笔工具"等（见图 3.1.5），使用这些工具可以使图像更加丰富多彩。

图 3.1.5

虽然提供的绘画工具各不相同，但是每种工具的操作步骤基本相似，大致分为下列几个步骤。

（1）吸取绘画工具的颜色，一般设置前景色。

（2）在工具选项栏中的"画布预设"选取器中选择合适的画笔。

41

（3）在工具选项栏中设置工具的相关参数。

（4）在文件上拖动鼠标绘制图形。

3.1.5　认识 AI 神经滤镜 Neural Filters

　　Neural Filters 是 Photoshop 的一个新工作区，包含一个滤镜库，使用由 Adobe Sensei 提供支持的机器学习功能，可大幅减少难以实现的工作流程，只需单击几下即可。Neural Filters 是一种工具，可让人们在几秒内尝试非破坏性、有生成力的滤镜并探索创意。在初次使用之前，旁边显示云图标的任何滤镜都需要从云端下载，只需单击云图标用户即可下载自己计划使用的每个滤镜（见图 3.1.6）。

图 3.1.6

3.2　学习实践活动

3.2.1　活动：运用综合工具绘制颜色完成演唱会海报设计

❶ 新建"宽度"为"45 厘米"、"高度"为"20 厘米"、"方向"为"横向"、"分辨率"为"300 像素 / 英寸"、"颜色模式"为"CMYK"的文件（见图 3.2.1）。

❷ 新建图层，设置前景色为（C=96，M=81，Y=0，K=0）。按快捷键 Alt+Delete 给新建图层上色（见图 3.2.2）。

图 3.2.1

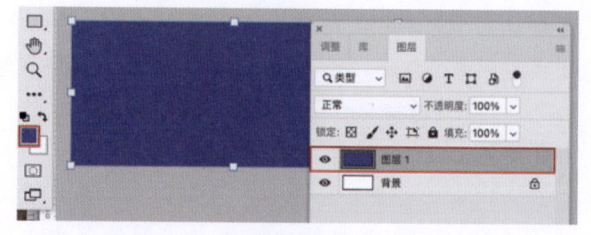

图 3.2.2

❸ 新建图层，设置前景色为（C=2，M=27，Y=7，K=0）。单击"矩形选框工具"，设置固定比例的"宽度"为 42、"高度"为 17，在画板中心位置绘制选区（见图 3.2.3）。

图 3.2.3

❹ 选择新建的图层，按快捷键 Alt+Delete 给新建的图层上色，按快捷键 Ctrl+D 取消选区（见图 3.2.4）。

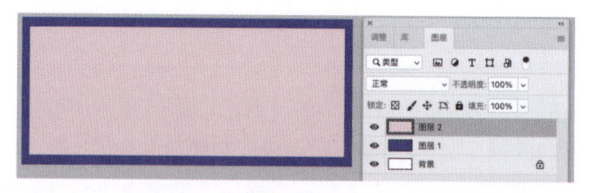

图 3.2.4

❺ 单击文字工具 T.，输入主标题"5 首流行曲不能错过的歌"、副标题为"本年度最佳歌曲现场原唱"及"年度好歌速递"3 段文字。用"变换工具"调整文字的大小和方向，放在相应的位置（见图 3.2.5）。

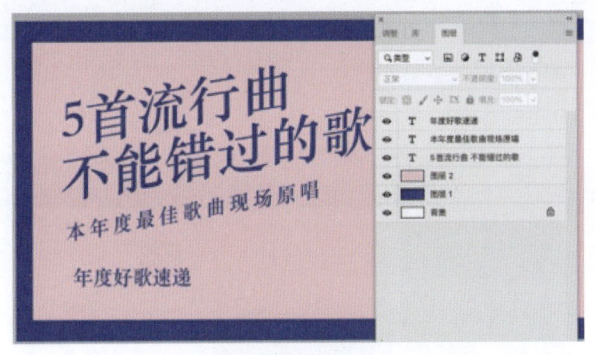

> 第 3 章 任务：Photoshop 结合 AI 绘制与修饰图像

图 3.2.5

06 设置前景色为（C=2, M=62, Y=0, K=0），在字体图层下新建图层，用"矩形选框工具"创建长方形选区，单击"渐变工具"，单击菜单栏"颜色"，选择"前景色到透明渐变"，在选框内拉动鼠标上渐变色（见图 3.2.6）。

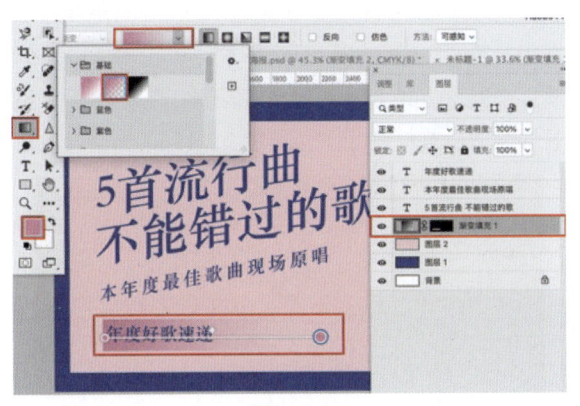

图 3.2.6

07 新建图层，使用"椭圆工具"绘制圆形，单击"渐变工具"为圆形上色（见图 3.3.7）。

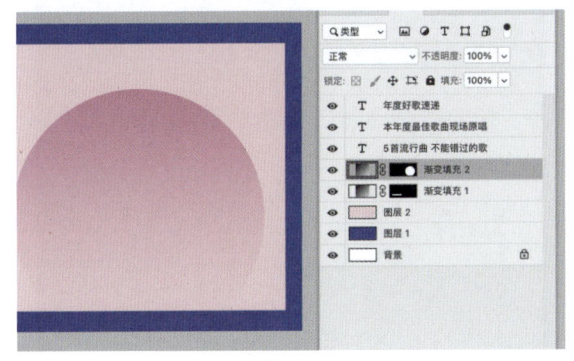

图 3.2.7

08 打开"素材 3.2-1"，放置在相应的位置，完成海报设计，将海报存储为 JPG 格式的文件（见图 3.2.8）。

图 3.2.8

3.2.2 活动：使用色板更换衣服颜色

01 打开"素材 3.2-2"。选择"选择"→"色彩范围"菜单命令，选中模特的绿色衣服，单击"确定"按钮（见图 3.2.9）。

图 3.2.9

02 新建图层。单击"色板"面板，选择系统自带的"淡色"文件夹，单击最右边的颜色（见图 3.2.10），将前景色换成此色。

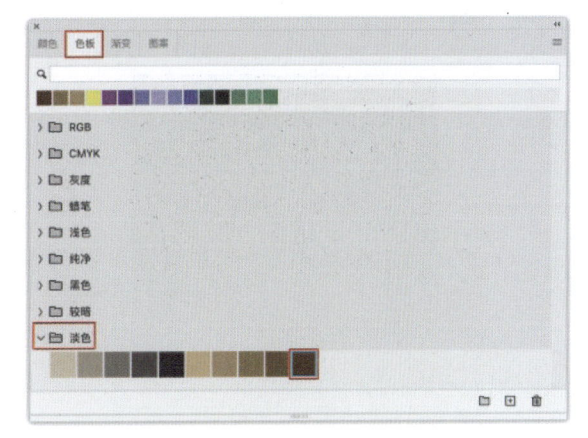

图 3.2.10

03 按快捷键 Alt+Delete 给新建图层上色，设置图层"混合模式"为"颜色"（见图 3.2.11）。

43

AI+Photoshop 智能图像处理

图 3.2.11

04 按快捷键 Ctrl+D 取消选区，得到最终效果（见图 3.2.12）。

图 3.2.12

3.2.3 活动：画笔工具

01 新建 A4 大小的画板，设置"颜色模式"为 CMYK。单击"渐变工具"，按住 Shift 键不放，同时在画板上垂直拖动鼠标绘制渐变（见图 3.2.13）。

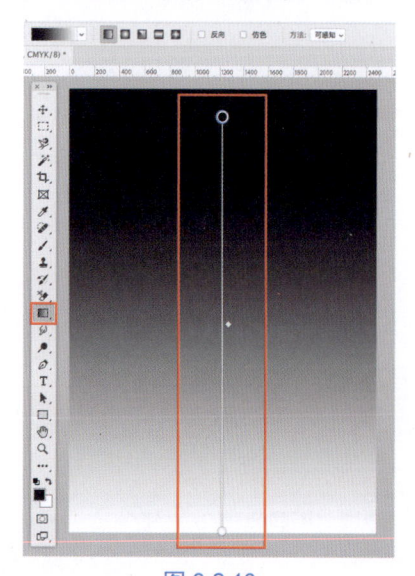

图 3.2.13

02 双击渐变轴线上下两端的圆点，设置颜色。上端颜色值为 #b15c4b，下端颜色值为 #75565c（见图 3.2.14）。

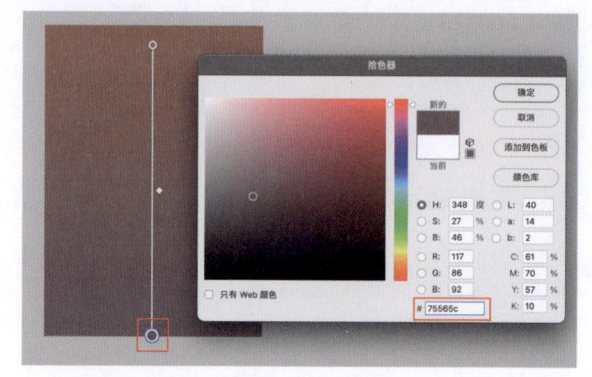

图 3.2.14

03 新建图层，命名为"太阳"，设置前景色的颜色值为 #e84f31。单击"画笔工具"，在画笔属性面板中调整为常规画笔，设置"大小"为"1000 像素"、"硬度"为 80%。设置完成后，在"太阳"图层的合适位置绘制太阳（见图 3.2.15）。

图 3.2.15

04 单击"画笔预设"面板右上角的"设置"图标，选择"导入画笔"选项（见图 3.2.16）。选择素材文件夹里的"素材 3.2-3 草画笔"，单击"打开"按钮。

> 第 3 章　任务：Photoshop 结合 AI 绘制与修饰图像

"容差"为 100%。

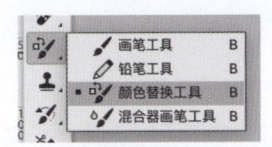

图 3.2.18

02 设置前景色的颜色值为 #0056e6，用鼠标在图片背景上涂抹，即可改变证件照背景。缩小画笔，在人物边缘小心涂抹（见图 3.2.19）。

图 3.2.19

03 最终效果如图 3.2.20 所示。

图 3.2.20

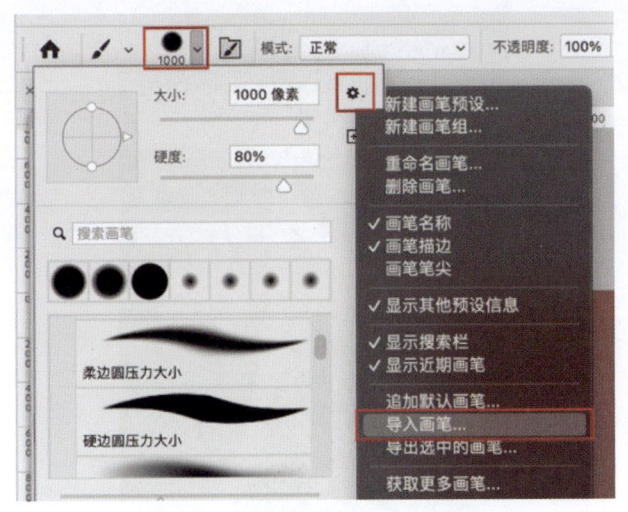

图 3.2.16

05 新建图层，命名为"草"，设置前景色的颜色值为 #277600。单击"画笔工具"，在"画笔属性"面板中选择导入的画笔。设置画笔"大小"为"1300 像素"、"硬度"为 100%。在画面合适位置绘制草图形（见图 3.2.17）。

图 3.2.17

3.2.4　活动：使用"颜色替换工具"给证件照换背景色

01 打开"素材 3.2-4"，单击"颜色替换工具"（见图 3.2.18）。在工具选项栏设置"模式"为"颜色"，单击"连续"取样按钮，限制连续取样，设置

45

3.2.5 活动：使用"混合器画笔工具"绘制图形

01 新建 A4 大小的画布，将背景填充为 #230243 颜色。打开"素材 3.2-5"，单击"混合器画笔工具"（见图 3.2.21）。

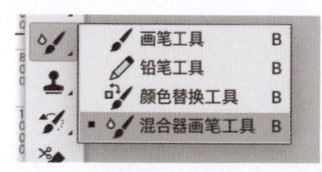

图 3.2.21

02 将变成"混合器画笔工具"样式的鼠标指针放在素材上，将指针大小调整至和素材球差不多（见图 3.2.22）。

图 3.2.22

03 按住 Alt 键单击"混合画笔工具"，在工具选项栏中选择"干燥，深描"选项（见图 3.2.23）。

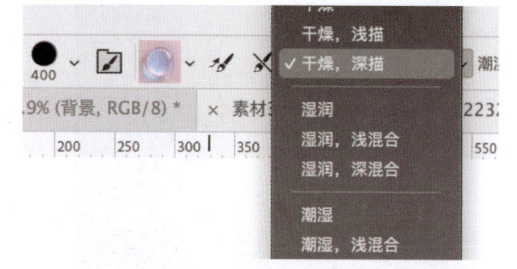

图 3.2.23

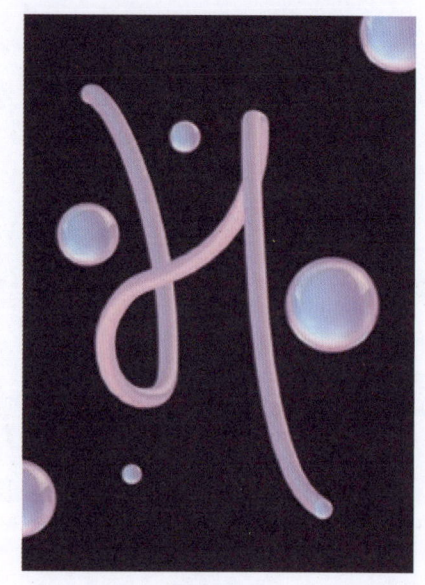

04 新建图层，调整画笔大小，绘制字母和辅助图形（见图 3.2.24）。

图 3.2.24

3.2.6 活动：使用"污点修复画笔工具"修复皮肤

01 打开"素材 3.2-6"，单击"污点修复画笔工具"，设置画笔大小为 20、"硬度"为 0、"类型"为"内容识别"（见图 3.2.25）。

图 3.2.25

02 在模特脸部的黑痣上单击，去除黑痣（见图 3.2.26）。

图 3.2.26

03 去除后的效果如图 3.2.27 所示。

图 3.2.27

3.2.7 活动：用"移除工具"调整照片

01 打开"素材 3.2-7"，单击"移除工具"（见图 3.2.28）。

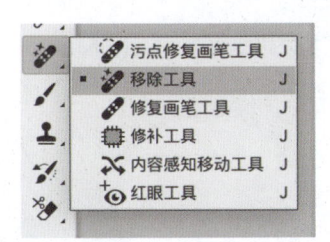

图 3.2.28

02 按住鼠标左键涂抹需要移除的部分（见图 3.2.29）。

图 3.2.29

03 松开鼠标，软件会自动填充移除部分（见图 3.2.30）。

图 3.2.30

3.2.8 活动：用"修复画笔工具"修复水果

01 打开"素材 3.2-8"，单击"修复画笔工具"。在苹果平滑的区域按住 Alt 键，出现图 3.2.31 中的图标后单击，完成取样（见图 3.2.31）。

图 3.2.31

02 按住鼠标左键在苹果的瑕疵位置涂抹进行修复（见图 3.2.32）。

图 3.2.32

47

> 知识链接
>
> 取样后涂抹瑕疵区域，如果不能覆盖，需要反复在瑕疵周围取样。

3.2.9 活动：用"修补工具"修补瑕疵

01 打开"素材3.2-9"，单击"修补工具 ⬛"，按住鼠标左键圈住画面左侧的柠檬（见图3.2.33）。

图 3.2.33

02 按住鼠标左键拖动选区内的图形到右侧取样的位置，即可用右侧图像替换选区内的图像，取消选区，完成操作（见图3.2.34）。

图 3.2.34

3.2.10 活动：用"修补工具"调整画面

01 打开"素材3.2-11"，单击"内容识别移动工具 ⬛"，按住鼠标左键圈住画面下侧的橙子切片，松开鼠标即可自动建立选区（见图3.2.35）。

图 3.2.35

02 将选区内的橙子切片上移，补全被遮住的橙子切片（见图3.2.36）。

图 3.2.36

03 原切片的位置会被智能处理，但是有残缺。用选框工具框选残缺的图像，利用"创成式填充"功能，修饰水果，效果如图3.2.37所示。

图 3.2.37

> 第 3 章　任务：Photoshop 结合 AI 绘制与修饰图像

知识链接

使用红眼工具 可以修复由相机闪光引起的红眼效果，只需选中该工具，在红眼上单击就可以自动修复。

3.2.11　活动：用"仿制图章工具"修补瑕疵

01 打开"素材 3.2-11"，单击"仿制图章工具"（见图 3.2.38）。

图 3.2.38

02 按住 Alt 键出现取样图标后，在图像上单击完成取样（见图 3.2.39）。

图 3.2.39

03 将鼠标指针放在空白处涂抹，即可在新的区域绘制取样图形（见图 3.2.40）。

图 3.2.40

04 反复取样、涂抹，完善画面（见图 3.2.41）。

图 3.2.41

3.2.12　活动：用"图案图章工具"绘制背景

01 新建文件，"宽度"为"15 厘米"，"高度"为"15 厘米"，"分辨率"为"150 像素"。单击"图案图章工具"（见图 3.2.42）。

图 3.2.42

02 在工具选项栏中单击"图像文件"，打开"树"文件夹，选择第二个图案（见图 3.2.43）。

图 3.2.43

03 按住鼠标左键在画布上涂抹，即可用选中的图案绘制背景（见图 3.2.44）。

49

图 3.2.44

3.2.13 活动：用智能 Neural Filters 滤镜"皮肤平滑度"给人脸磨皮

① 打开"素材 3.2-12"，选择"滤镜"→ Neural Filters 菜单命令。打开 Neural Filters 面板，单击"皮肤光滑度"选项右侧的下载图标 ☁，下载后如图 3.2.45 所示。

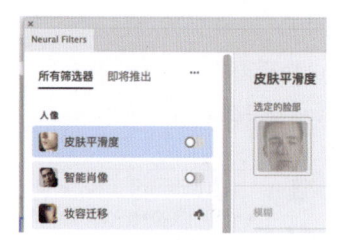

图 3.2.45

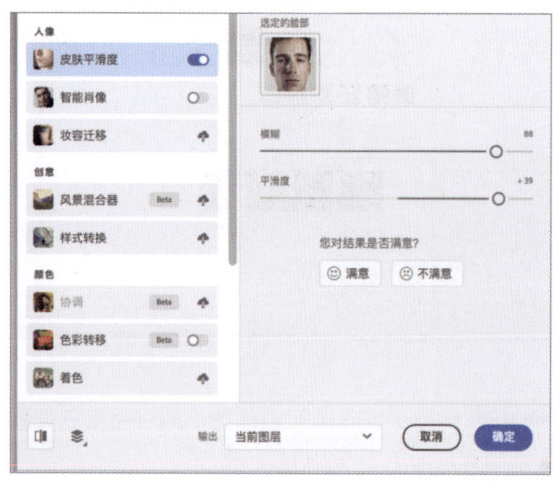

② 开启"皮肤光滑度"选项，启动右侧的设置界面，滑动轴点，设置"模糊"为 88、"平滑度"为 39，单击"确定"按钮（见图 3.2.46）。

图 3.2.46

③ 磨皮后的效果如图 3.2.47 所示。

修后
图 3.2.47

④ 继续下载"智能肖像"滤镜，打开调整面板，展开"特色"栏，设置"幸福"为 50、"面部年龄"为 20、"发量"为 50、"眼睛方向"为 50，单击"确定"按钮（见图 3.2.48）。

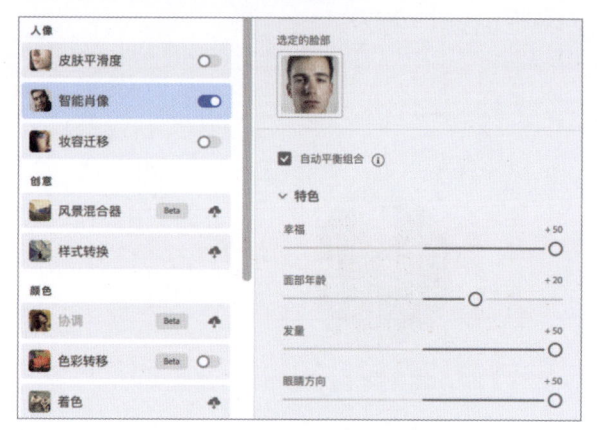

图 3.2.48

⑤ 原图与修饰后的效果对比如图 3.2.49 所示。

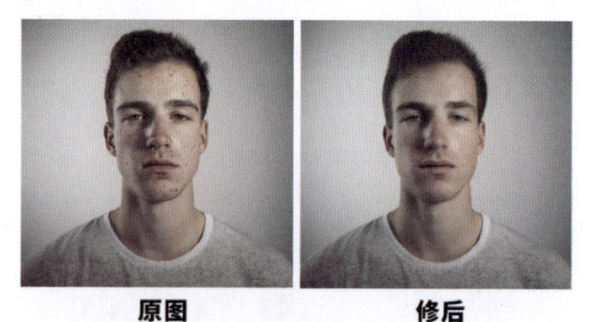

原图　　　　　修后
图 3.2.49

3.2.14 活动：用智能 Neural Filters 滤镜"妆容迁移"上妆

① 打开"素材 3.2-13"，选择"滤镜"→ Neural Filters 菜单命令。打开 Neural Filters 面板，单击

"妆容迁移"选项右侧的下载图标，下载后在右侧显示妆容迁移设置界面（见图3.2.50）。

图 3.2.50

02 打开"选择图像"下拉列表，选择"从计算机中选择图像"，在打开的对话框中选择"素材3.2-14"，单击"确定"按钮（见图3.2.51）。

图 3.2.51

03 妆容迁移后前后效果对比如图 3.2.52 所示。

原图　　　　　修后

图 3.2.52

3.2.15 活动：用智能 Neural Filters 滤镜 "创意"组调整图像

01 打开"素材3.2-15"，选择"滤镜"→Neural Filters 菜单命令。打开 Neural Filters 面板，单击"风景混合器"选项右侧的下载图标，下载后右侧显示风景混合器设置界面（见图3.2.53）。

图 3.2.53

02 单击界面中的第一个特效，拖动"冬季"滑块到 100，效果对比如图 3.2.54 所示。

原图　　　　　修后

图 3.2.54

03 单击"样式转换"选项右侧的下载图标，下载后右侧显示样式转换设置界面，选择"艺术家风格"中的第二个风格，设置"强度"为54、"样式不透明度"为23、"细节"为100，继续改变图像画风（见图3.2.55）。

图 3.2.55

3.2.16 活动：用智能 Neural Filters 滤镜"协调"调整色调

01 打开"素材 3.2-16"，并将"素材 3.2-17"拖进文档。选择"素材 3.2-17"图层，选择"滤镜"→ Neural Filters 菜单命令，下载"协调"滤镜，在"选择图层"下拉列表框中选择"背景"选项（见图 3.2.56）。

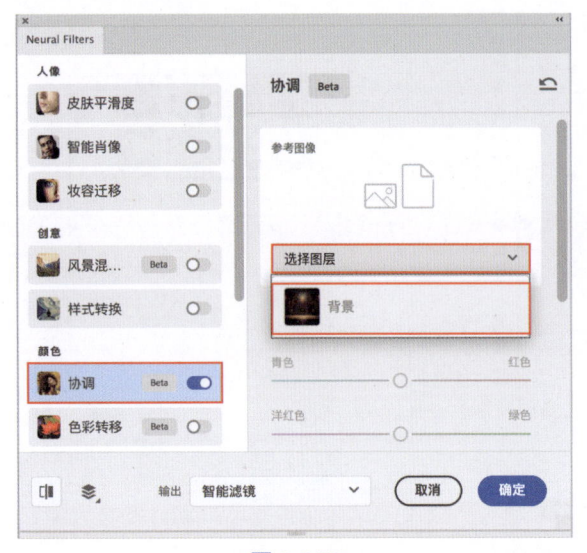

图 3.2.56

02 调整"强度"为 50，单击"确定"按钮，此时人物与背景色调一致，对比效果见图 3.2.57。

图 3.2.57

3.2.17 活动：用智能 Neural Filters 滤镜"色彩转移"调整色调

01 打开"素材 3.2-18"，选择"滤镜"→ Neural Filters 菜单命令，下载"色彩转移"滤镜，在右侧的设置界面中单击系统自带色彩第二排最右侧的色彩图，调整"颜色强度"为 –24、"饱和度"为 10，单击"确定"按钮（见图 3.2.58）。

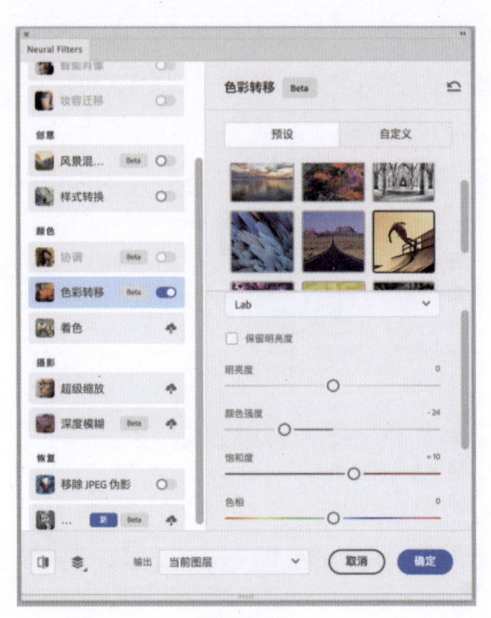

图 3.2.58

02 效果如图 3.2.59 所示。

图 3.2.59

3.2.18 活动：用智能 Neural Filters 滤镜"着色"调整色调

01 打开"素材 3.2-19"，选择"滤镜"→ Neural Filters 菜单命令，下载"着色"滤镜，选中"自动调整图像颜色"复选框，设置"饱和度"为 15，其他数值保持不变（见图 3.2.60）。

02 单击"确定"按钮，对比效果如图 3.2.61 所示。

> 第 3 章 任务：Photoshop 结合 AI 绘制与修饰图像

图 3.2.60

图 3.2.61

3.2.19 活动：用智能 Neural Filters 滤镜调整摄影作品

① 打开"素材 3.2-20"，选择"滤镜"→ Neural Filters 菜单命令，下载"超级缩放"滤镜，单击缩放图像的放大图标 Q，设置"锐化"为 6，其他数值保持不变（见图 3.2.62）。

图 3.2.62

② 下载"深度模糊"滤镜，单击图像主体，调整"焦距"为 7，"模糊强度"为 7（见图 3.2.63）。

图 3.2.63

③ 下载"移除 JPEG 伪影"滤镜，设置"强度"为"高"，（见图 3.2.64）。

图 3.2.64

④ 单击"确定"按钮，效果如图 3.2.65 所示。

图 3.2.65

53

3.2.20 活动：用智能 Neural Filters 滤镜修复老照片

01 打开"素材 3.2-21"，选择"滤镜"→ Neural Filters 菜单命令，下载"照片恢复"滤镜，设置"照片增强"为 100、"增强脸部"为 100、"减少划痕"为 100，单击"确定"按钮（见图 3.2.66）。

图 3.2.66

02 处理前后效果对比如图 3.2.67 所示。

图 3.2.67

3.3 设计师岗位实战演习

3.3.1 使用 AI 智能滤镜与 Photoshop 工具精修写真

01 打开"素材 3.3-1"，按快捷键 Ctrl+J 复制图层，生成"图层 1"，选择"滤镜"→ Neural Filters 菜单命令，下载"皮肤平滑度"滤镜，设置"模糊"为 25、"平滑度"为 10，淡化模特的黑眼圈和痘印等皮肤瑕疵（见图 3.3.1）。

02 继续下载"妆容迁移"滤镜，选择图像"素材 3.3-2"，为模特完善妆容（见图 3.3.2）。

03 使用"移除 JPEG 伪影"滤镜，设置"强度"为"强"，单击"确定"按钮（见图 3.3.3）。

> 第 3 章 任务：Photoshop 结合 AI 绘制与修饰图像

图 3.3.1

图 3.3.2

图 3.3.3

04 选择"图层1",使用"污点修复画笔工具"单击脸部的痘和痣,修复面部瑕疵(见图3.3.4)。

05 选择"图层1",按快捷键Ctrl+J复制两个图层,分别命名为"图层1拷贝"和"图层1拷贝2"。单击"图层1拷贝2"图层前的"眼睛" 👁,隐藏图层。选择"图层1拷贝"图层,选择"滤镜"→"模糊"→"高斯模糊"菜单命令,调整"半径"为"9像素"(见图3.3.5)。

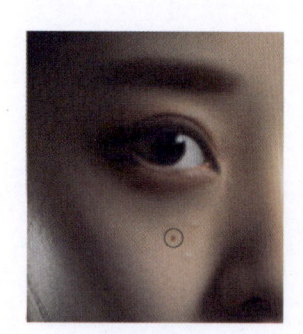

图3.3.4 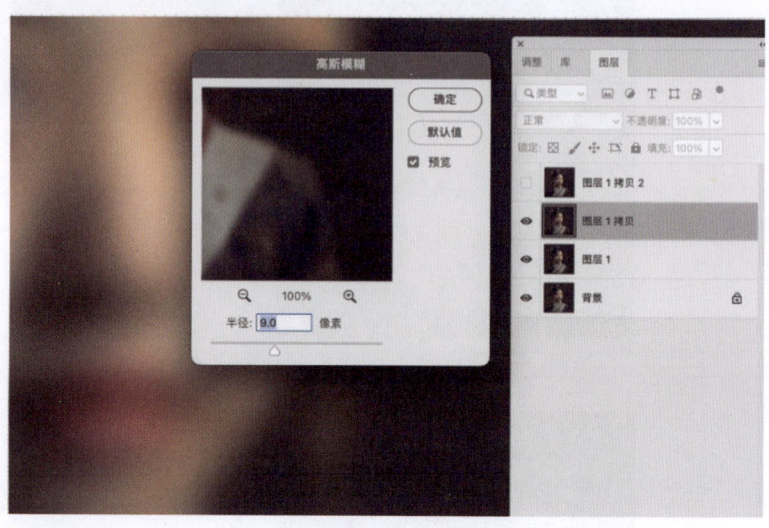 图3.3.5

06 选择"图层1拷贝2"图层,使其可见,选择"图像"→"应用图像"菜单命令,选择"图层1拷贝",设置"混合模式"为"减去"、"缩放"为2、"补偿值"为128,单击"确定"按钮。调整图层的"混合模式"为"线性光"(见图3.3.6)。

图3.3.6

07 隐藏"图层1拷贝2"图层,单击"混合器画笔工具",设置前景色为"白色"、"潮湿"为100%、"载入"为15%、"混合"为100%、"流量"为10%(见图3.3.7)。涂抹皮肤明暗交界线和反光区域,使脸部轮廓更圆润(见图3.3.8)。

> 第 3 章　任务：Photoshop 结合 AI 绘制与修饰图像

图 3.3.7

⑧ 显示"图层 1 拷贝 2"图层，柔化后的效果如图 3.3.9 所示。

图 3.3.8

图 3.3.9

⑨ 按快捷键 Ctrl+Alt+Shift+E 盖印图层，生成"图层 2"。选择"图层 2"，按住快捷键 Ctrl+J 复制图层，生成"图层 2 拷贝"图层。选择"图层 2 拷贝"图层，选择"滤镜"→"其他"→"高反差保留"菜单命令，设置"半径"为 1.2，单击"确定"按钮（见图 3.3.10）。

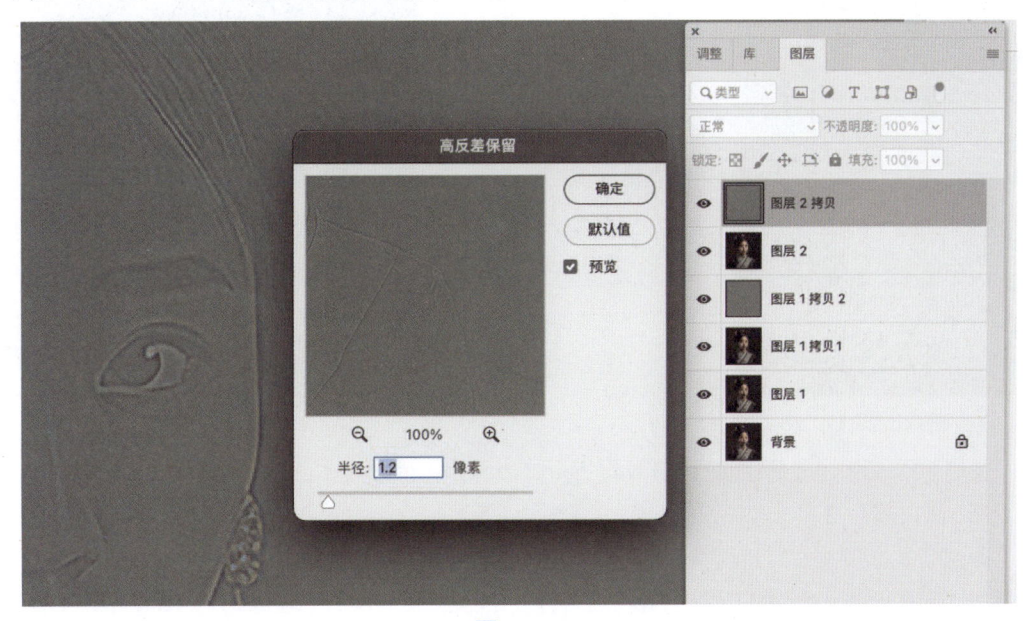

图 3.3.10

57

⑩ 选择"图层 2",按快捷键 Ctrl+Shift+N 新建"图层 3"。选择"图层 2 拷贝",右击,选择"创建剪贴蒙版"命令(见图 3.3.11)。设置图层"混合模式"为"线性光"(见图 3.3.12)。

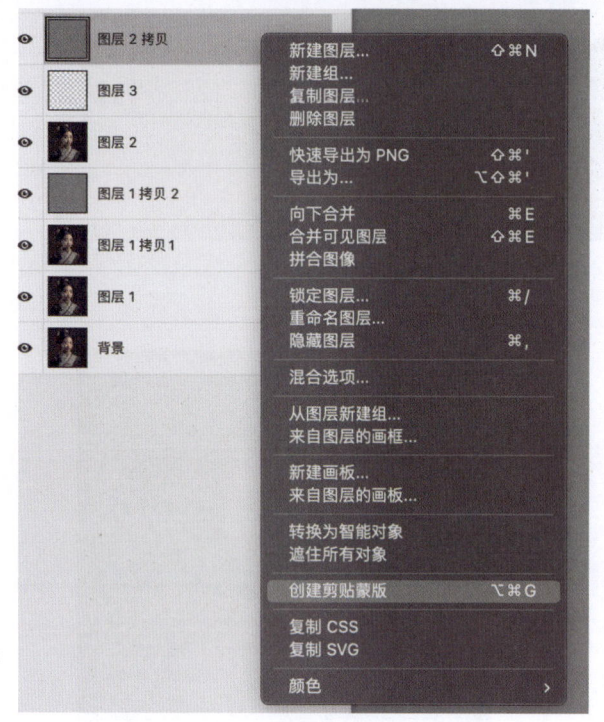

图 3.3.11

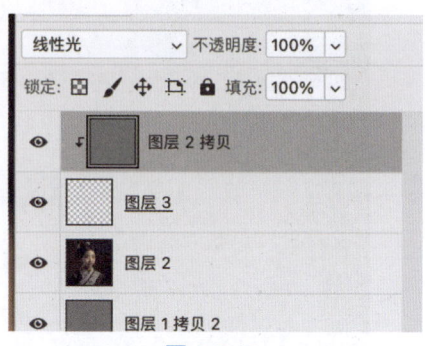

图 3.3.12

⑪ 选择"图层 3",单击"吸管工具",吸取左边脸黑眼圈附近的皮肤色(见图 3.3.13)。单击"画笔工具",设置"不透明度"为 15%、"流量"为 35%,在左眼黑眼圈处涂抹,最终效果如图 3.3.14 所示。

图 3.3.13

图 3.3.14

⑫ 选择"图层 3",单击"吸管工具",吸取右边脸黑眼圈附近的皮肤色。单击"画笔工具"在右眼黑眼圈处涂抹(见图 3.3.15)。

⑬ 单击"图层"面板下方的"创建新的填充或调整图层"按钮,选择"亮度/对比度"选项(见图 3.3.16),弹出"亮度/对比度"的"属性"面板,调整"亮度"为 10、"对比度"为 -10(见图 3.3.17)。

> 第 3 章　任务：Photoshop 结合 AI 绘制与修饰图像

图 3.3.15

图 3.3.16

图 3.3.17

59

⑭ 单击"图层"面板下方的"创建新的填充或调整图层"按钮，选择"色阶"选项，调整左侧色阶值为 11、中间色阶值为 1.22、右边色阶值为 244，提亮面部（见图 3.3.18）。

图 3.3.18

⑮ 单击"图层"面板下方的"创建新的填充或调整图层"按钮，选择"色相/饱和度"选项，选择"红色"，调整"色相"为 -5、"饱和度"为 +15、"明度"为 +5，增加面部气色（见图 3.3.19）。

图 3.3.19

⑯ 调整前后效果对比如图 3.3.20 所示。

原图　　　　　　　　修后

图 3.3.20

3.3.2　使用 AI 智能滤镜与 Photoshop 工具制作电影海报

① 打开"素材 3.3-3",按快捷键 Ctrl+J 复制图层,生成"图层 1",选择"滤镜"→ Neural Filters 菜单命令,下载"皮肤平滑度"滤镜,设置"平滑度"为 20,淡化模特皮肤的瑕疵(见图 3.3.21)。

图 3.3.21

② 使用"妆容迁移"滤镜,选择图像"素材 3.3-4",为模特完善妆容,单击"确定"按钮(见图 3.3.22)。

图 3.3.22

61

03 打开"素材 3.3-5",拖动"光"素材到编辑窗口,放到合适的位置,调整图层"混合模式"为"叠加"(见图 3.3.23)。

图 3.3.23

04 打开"素材 3.3-5",将素材和英文拖到编辑窗口,并调整大小和位置(见图 3.3.24)。

05 在英文图层下新建图层,用文字工具输入海报主题"不被定义",并调整文字的位置,完成设计(见图 3.3.25)。

图 3.3.24

图 3.3.25

第 4 章
任务：图层与图层蒙版的使用

4.1 预备知识

4.1.1 认识图层与"图层"面板

1. 图层

图层可以看作一张透明的纸，每一张纸上都有不同的内容，没有内容的区域是透明的，透过透明区域可以看到下面的图层，通过将这些图层叠加在一起，可以创建出丰富多彩的视觉效果（见图4.1.1）。

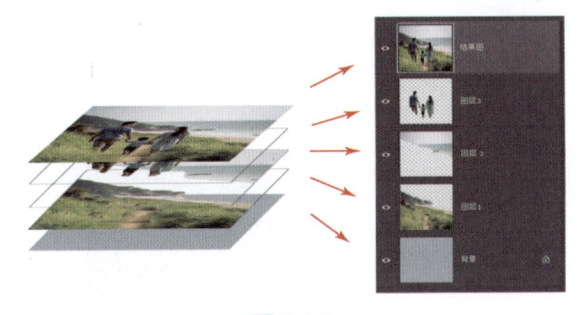

图 4.1.1

2. 图层类型

Photoshop 中的图层有多种类型，如普通图层、背景图层、调整图层、蒙版图层、文字图层、形状图层等。不同类型的图层有不同的作用和操作方法，最常用的有背景图层与普通图层。

（1）背景图层位于"图层"面板最下方，是不透明图层，与普通图层不同的是，背景图层不可编辑和调整顺序（见图4.1.2）。

图 4.1.2

（2）普通图层是最基本的图层类型，允许进行几乎所有的编辑操作，包括添加图像、文本或矢量图形，以及应用图层样式等；在隐藏背景图层的情况下，新建的图层显示为灰白方格，呈现为透明区域（见图4.1.3）。

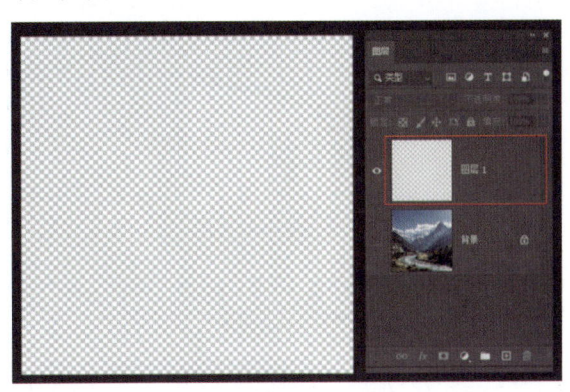

图 4.1.3

3. "图层"面板

使用"图层"面板，可以创建图层、编辑图层、管理图层，以及为图层添加样式（见图4.1.4）。

图 4.1.4

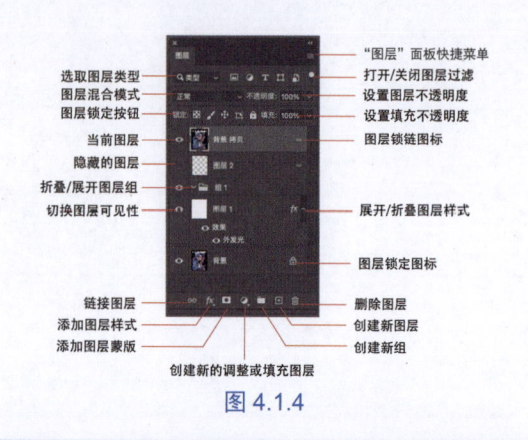

知识链接

（1）新建图层：选择"图层"→"新建"→"图层"菜单命令，或者按下 Shift+Ctrl+N。

（2）复制图层：选择"图层"→"复制图层"菜单命令，或者按下快捷键 Ctrl+J。

（3）删除图层：选择"图层"→"删除"→"图层"菜单命令，或者按下 Delete 键。

（4）创建新组：选择"图层"→"图层编组"菜单命令，或者按下快捷键 Ctrl+G。

4.1.2 认识 AI 智能对象图层

AI 智能对象图层是一种特殊类型的图层，它将保留图像源内容及原始特性，允许用户在不损失图像质量的前提下进行编辑和修改，对图层的修改不会破坏原始文件，这有助于保持图片的锐度和可编辑性，这种功能为摄影师和设计师提供了一种灵活且高效的图像处理方式（见图 4.1.5）。

图 4.1.5

4.1.3 认识图层样式

在 Photoshop 中可以为图层添加图层样式，如投影、内 / 外发光、斜面和浮雕、描边等，创建具有真实质感的水晶、玻璃、金属和纹理特征。用户可以随时修改、隐藏或删除图层样式，非常灵活。除了系统预设的样式，用户还可以载入从网络上下载的其他外部样式，功能强大而丰富（见图 4.1.6）。

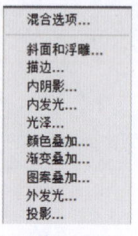

图 4.1.6

知识链接

（1）为图层添加的部分样式，可以通过选择"图层"→"图层样式"→"创建图层"菜单命令，单独创建为一个新的图层，继续编辑。

（2）无法为背景图层添加图层样式，如果需要添加，可按住 Alt 键并双击背景图层，将其转换为普通图层，然后就可以执行操作了。

4.1.4 认识图层混合模式

混合模式是 Photoshop 中最常用的工具之一，且应用广泛，是一种将上方图层与下方图层进行混合的方法，不同的混合模式决定了图像中像素混合的方式，最终呈现出不同的效果（见图 4.1.7）。

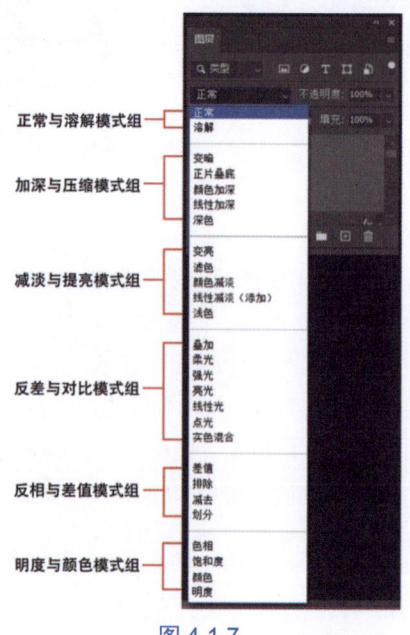

图 4.1.7

知识链接

（1）图层组的混合模式默认为"穿透"，相当于图层的"正常"。

（2）如果为图层组设置混合模式，Photoshop 会将组内所有图层看作一层与其他图层相混合。

4.1.5 认识蒙版

蒙版是一种非破坏性编辑工具，可以将图层的局部遮住不显示，只编辑显示出来的部分。给普通图层添加蒙版后，生成图层蒙版，将蒙版涂成黑色，则隐藏对应部分的图像，将蒙版涂成灰色，则半透明显示对应部分的图像，将蒙版涂成白色，则显示对应部分的图像（见图 4.1.8）。在 Photoshop 中，除图层蒙版外，还有剪贴蒙版（见图 4.1.9）和矢量蒙版（见图 4.1.10）。

图 4.1.8

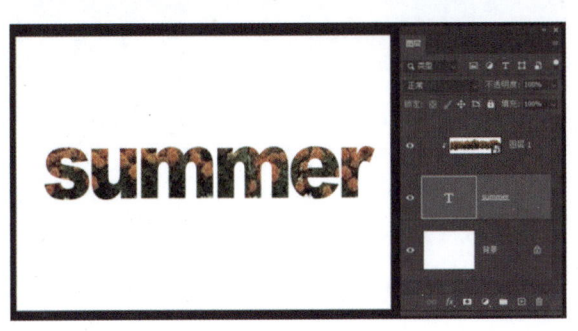

图 4.1.9

图 4.1.10

知识链接

（1）停用与启用图层蒙版：在图层蒙版上右击，在弹出的快捷菜单中选择"停用图层蒙版"命令，可以暂时停用蒙版；再次右击，在弹出的快捷菜单中选择"启用图层蒙版"命令，即可启用蒙版。

（2）剪贴蒙版即用下层包含像素的区域限制上层图像的显示范围。它可以用一个图层限制上面多个图层中图像的可见内容。

（3）将鼠标指针停留在图层与图层之间，按下 Alt 键，鼠标指针变成向下的箭头形状时单击，也可以实现剪贴蒙版。

（4）矢量蒙版与分辨率无关，是由钢笔工具或形状工具创建的蒙版，无论怎样缩放都会保持光滑的轮廓。常用来制作 LOGO、按钮或其他 Web 设计元素。

4.2 学习实践活动

4.2.1 活动：创建、编辑与管理图层

01 打开"素材 4.2.1"，按 F7 键打开"图层"面板（见图 4.2.1）。

02 单击"嗨购直播夜""狂欢倒计时""送礼抢先购……"3 个图层，用"移动工具"将图层内容移动到合适的位置（见图 4.2.2）。

03 选择"图层"→"新建"→"图层"菜单命令，或者按下快捷键 Shift+Ctrl+N，弹出"新建图层"对话框，为新建图层命名"图层 2"（见图 4.2.3）。

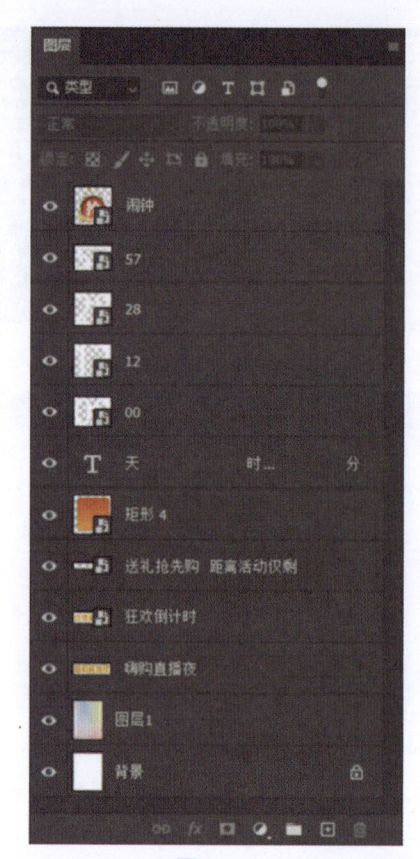

图 4.2.1

图 4.2.2

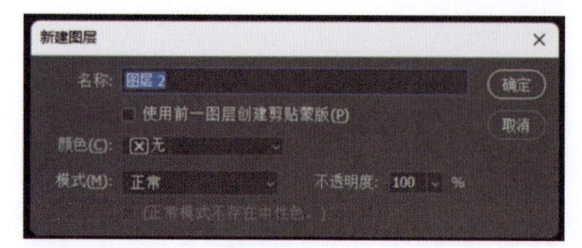

图 4.2.3

04 在"图层 2"中，绘制一个白色矩形，并调整其"不透明度"为 50%。选择"图层 2"图层，将其拖到"送礼抢先购……"图层下方（见图 4.2.4）。

图 4.2.4

05 单击"矩形 4"图层，选择"图层"→"复制图层"菜单命令或者按下快捷键 Ctrl+J，复制 3 个图层，并将其放置在图层"口天口时口分口秒"中的合适位置（见图 4.2.5）。

图 4.2.5

06 单击"00""12""28""57"图层，将其移动到合适的位置（见图 4.2.6）。

图 4.2.6

07 选择"文件"→"存储为"菜单命令，或者按下快捷键 Shift+Ctrl+S，将文件命名为"嗨购直播夜"，设置"保存类型"为 Photoshop（*.PSD；

.PDD;.PSDT），单击"保存"按钮保存文件（见图 4.2.7）。

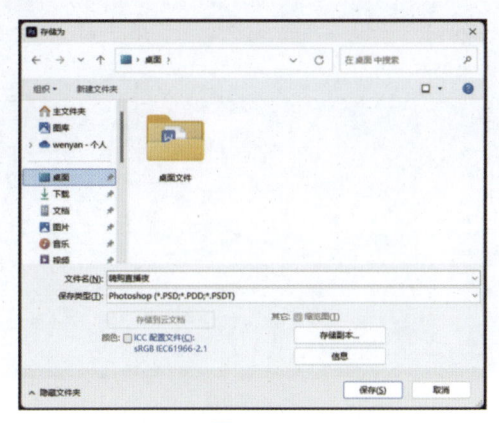

图 4.2.7

4.2.2 活动：添加图层样式制作立体字

① 打开"素材 4.2.2"，按 F7 键打开"图层"面板（见图 4.2.8）。

图 4.2.8

② 在"图层"面板中，双击"图层 1"图层的空白处，在打开的"图层样式"对话框中，选中"斜面和浮雕"（见图 4.2.9）、"外发光"（见图 4.2.10）复选框，分别进行设置。

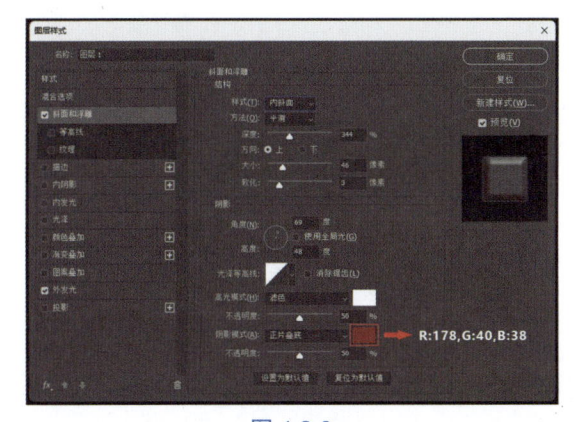

图 4.2.9

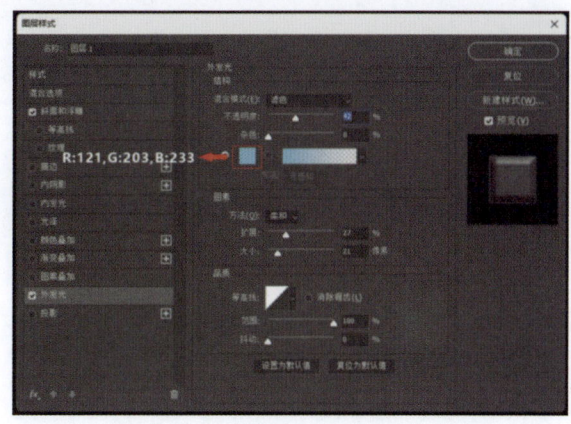

图 4.2.10

③ 在"图层 1"上右击，在弹出的快捷菜单栏中选择"拷贝图层样式"命令，然后在"图层 2"上右击，在弹出的快捷菜单栏中选择"粘贴图层样式"命令（见图 4.2.11）。

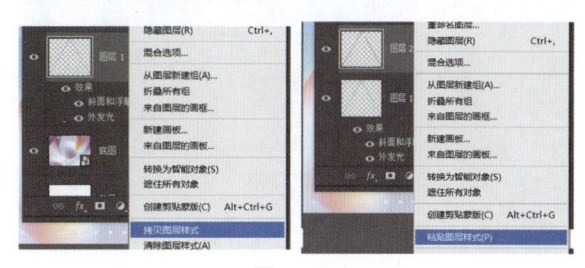

图 4.2.11

④ 在"图层"面板中，双击"图层 3"图层的空白处，在打开的"图层样式"对话框中，选中"斜面和浮雕"（见图 4.2.12）、"外发光"（见图 4.2.13）和"颜色叠加"（见图 4.2.14）复选框，分别进行设置。

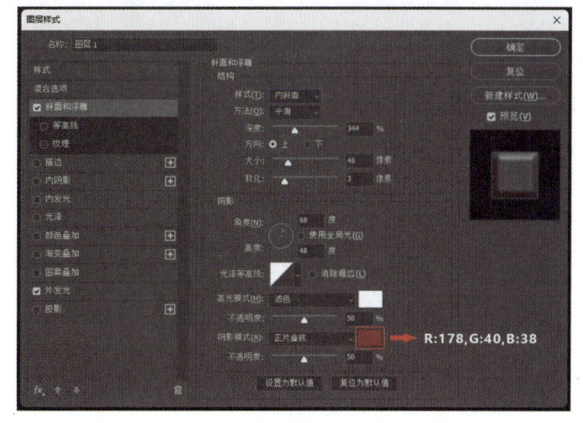

图 4.2.12

> 第 4 章 任务：图层与图层蒙版的使用

67

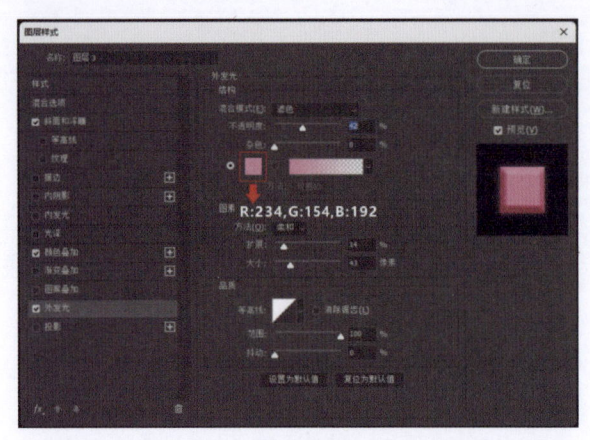

图 4.2.13

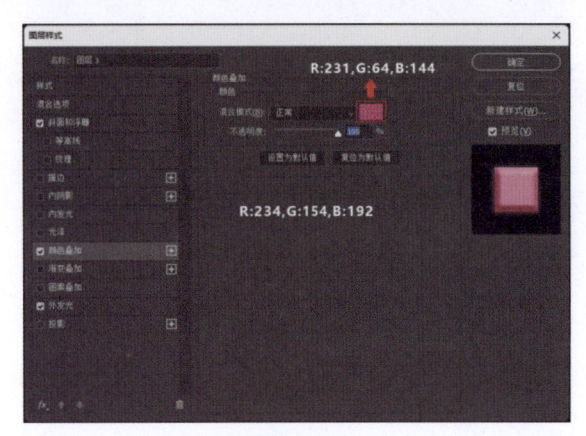

图 4.2.14

⑤ 在"图层"面板中，双击"爆款预售"图层的空白处，在打开的"图层样式"对话框中，选中"斜面和浮雕"（见图4.2.15）、"外发光"（见图4.2.16）复选框，分别进行设置。

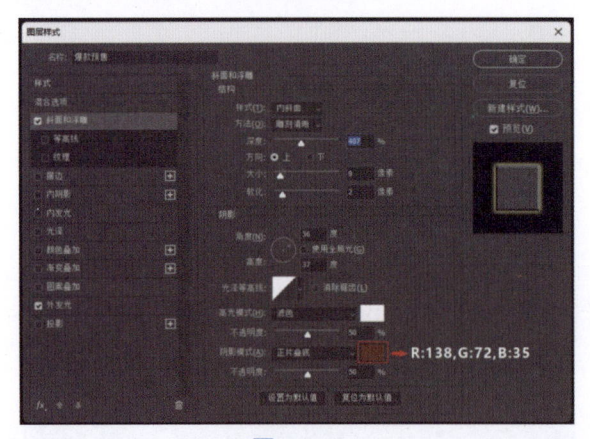

图 4.2.15

⑥ 选择"文件"→"存储为"菜单命令，或者按下快捷键 Shift+Ctrl+S，将文件命名为"嗨购预售"，设置"保存类型"为 PSD 格式，单击"保存"按钮保存文件。

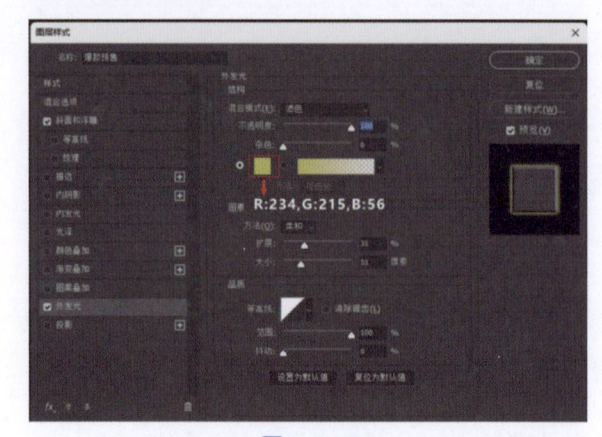

图 4.2.16

4.2.3　活动：利用图层混合模式融合光效

① 打开"素材 4.2.3"，按 F7 键打开"图层"面板（见图 4.2.17）。

图 4.2.17

② 选择"图层"→"新建"→"图层"菜单命令，或者按下快捷键 Shift+Ctrl+N，弹出"新建图层"对话框，为新建图层命名"图层 1"（见图4.2.18）。

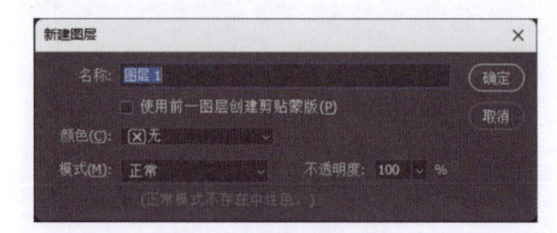

图 4.2.18

③ 选择"图层 1"，单击"渐变填充工具" ，对"图层 1"进行填充（见图 4.2.19 和图 4.2.20）。

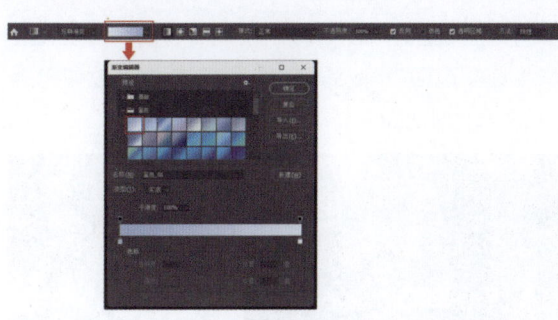

> 第 4 章 任务：图层与图层蒙版的使用

图 4.2.19

4.2.4 活动：利用图层蒙版合成酒店宣传页

01 选择"文件"→"新建"菜单命令，或者按下快捷键 Ctrl+N，新建一个"宽度"为"210 毫米"、"高度"为"297 毫米"、"分辨率"为"300 像素/英寸"、"颜色模式"为 RGB 的空白文档（见图 4.2.22）。

图 4.2.20

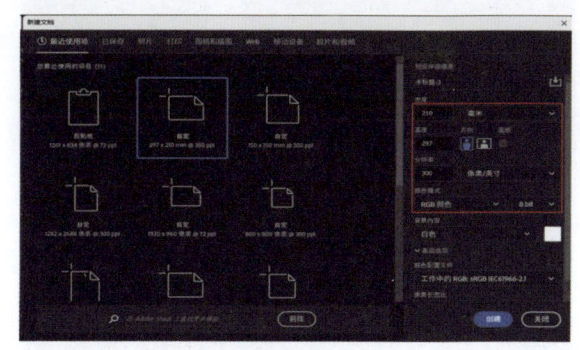

图 4.2.22

02 复制"背景"图层，选择"渐变工具"，双击工具选项栏中的渐变条，在渐变编辑器中设置左侧色标为（R=22, G=82, B=150）、右侧色标为（R=104, G=147, B=186），填充"背景 拷贝"图层（见图 4.2.23）。

04 更改"图层 1"的"混合模式"为"叠加"，降低图层的"不透明度"，更改为 85%（见图 4.2.21）。

图 4.2.21

图 4.2.23

05 选择"文件"→"存储为"菜单命令，或者按下快捷键 Shift+Ctrl+S，将文件命名为"秋千"，设置"保存类型"为 PSD 格式，单击"保存"按钮保存文件。

03 导入"素材 4.2.4-1"，生成新的"图层 1"。单击"图层"面板底部的"添加图层蒙版"按钮，设置前景色为黑色，使用"画笔工具"在"图层 1"中天空和泳池衔接部位进行涂抹（见图 4.2.24）。

04 导入"素材 4.2.4-2"中的文字图层，放置到画面的上半部分（见图 4.2.25）。

69

图 4.2.24

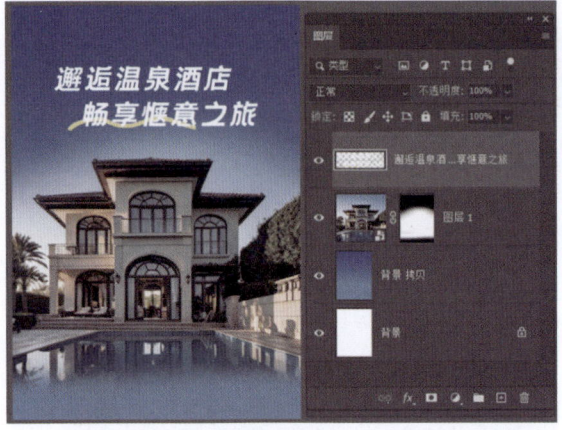

图 4.2.25

05 选择"文件"→"存储为"菜单命令，或者按下快捷键 Shift+Ctrl+S，将文件命名为"酒店宣传页"，设置"保存类型"为 PSD 格式，单击"保存"按钮保存文件。

4.2.5 活动：利用剪贴蒙版为照片添加木质相框

01 打开"素材 4.2.5-1"，按快捷键 Ctrl+Shift+N，创建新的图层并命名为"图层 1"（见图 4.2.26）。

图 4.2.26

02 按下快捷键 Ctrl+A，全选整幅图像，右击，选择"变换选区"命令，将选区向中心缩放（见图 4.2.27 和图 4.2.28）。

图 4.2.27

图 4.2.28

03 选择"选择"→"反选"菜单命令，或者按快捷键 Shift+Ctrl+I，创建相框选区，并填充白色，按下快捷键 Ctrl+D 取消选区（见图 4.2.29）。

图 4.2.29

04 导入"素材 4.2.5-2"并将素材命名为"木纹"，选中"木纹"图层，右击，选择"创建剪贴蒙版"命令（见图 4.2.30）。

> 第 4 章 任务：图层与图层蒙版的使用

层 1"上绘制矩形，并填充浅灰色（R=246, G=246, B=246）（见图 4.3.3）。

图 4.2.30

05 为"木纹"图层添加"内阴影"图层样式（见图 4.2.31）。

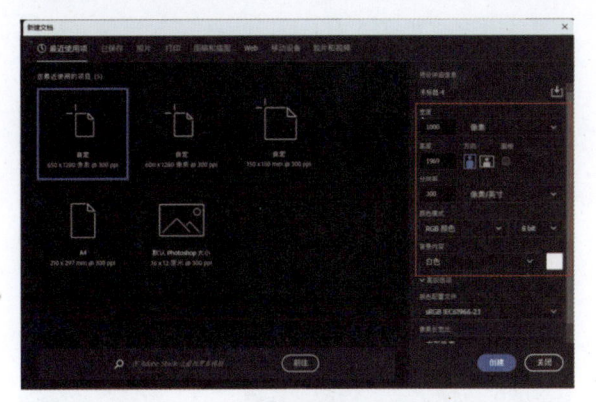

图 4.3.1

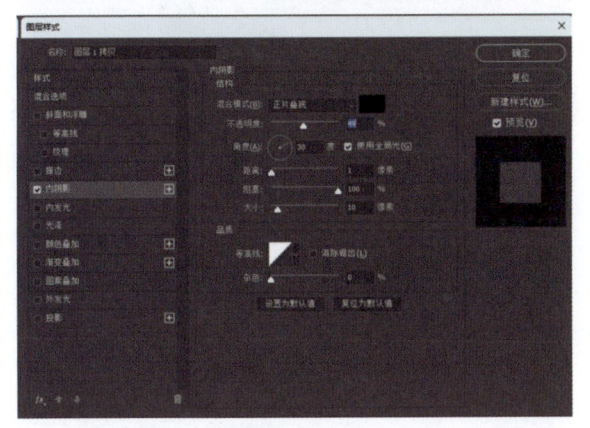

图 4.2.31

06 选择"文件"→"存储为"菜单命令，或者按下快捷键 Shift+Ctrl+S，将文件命名为"木质相框照片"，设置"保存类型"为 PSD 格式，单击"保存"按钮保存文件。

图 4.3.2

4.3 设计师岗位实战演习

4.3.1 制作农产品宣传页

1. 新建文档，复制、粘贴素材制作宣传页背景

01 选择"文件"→"新建"菜单命令，或者按快捷键 Ctrl+N，新建一个"宽度"为"1000 像素"、"高度"为"1969 像素"、"分辨率"为"300 像素/英寸"的空白文档（见图 4.3.1）。

02 导入"素材 4.3.1-1"，放置在"背景"图层的上方（见图 4.3.2）。

03 选择"图层"→"新建"→"图层"菜单命令，或者按快捷键 Shift+Ctrl+N，弹出"新建图层"对话框，为新建图层命名"图层 1"，在"图

图 4.3.3

04 选择"图层"→"新建"→"图层"菜单命

71

令，或者按快捷键 Shift+Ctrl+N，弹出"新建图层"对话框，为新建图层命名"图层 2"，在"图层 2"上绘制橙色（R=255，G=113，B=0）的矩形条（见图 4.3.4）。

图 4.3.4

2. 导入农产品素材，并创建剪贴蒙版

01 选择"矩形工具"，设置工具模式为"形状"，填充白色，不设置描边，圆角半径为 0 像素（见图 4.3.5）。

图 4.3.5

02 按住 Shift 键绘制白色正方形，生成"矩形 1"图层，选择"编辑"→"自由变换路径"菜单命令，或者按住快捷键 Ctrl+T，将正方形旋转 45°（见图 4.3.6）。

图 4.3.6

03 导入"素材 4.3.1-2"中"玉米"素材，移动到"矩形 1"图层上方，右击，选择"创建剪贴蒙版"命令（见图 4.3.7）。

图 4.3.7

04 复制 3 次"矩形 1"图层，并导入"素材 4.3.1-2"中的"小麦""菠菜""棉花"素材，重复上一步操作，分别为导入的素材创建剪贴蒙版（见图 4.3.8）。

图 4.3.8

05 选择上一步操作中的所有图层，按快捷键 Ctrl+G 创建"组 1"，并添加"描边"图层样式，设置描边大小为 4 像素、颜色为白色、位置为外部（见图 4.3.9）。

图 4.3.9

3. 导入文字素材

① 导入"素材 4.3.1-3"中的"我为农产品代言"图层，将图层移动到图像的上半部分（见图 4.3.10）。

图 4.3.10

② 导入"素材 4.3.1-3"中的"产品展销会……""主办方：……""联系地址：……"图层（见图 4.3.11）。

图 4.3.11

4. 保存文件

① 选择"文件"→"存储为"菜单命令，或者按快捷键 Shift+Ctrl+S，将文件命名为"农产品宣传页"，设置"保存类型"为 PSD 格式，单击"保存"按钮保存文件（见图 4.3.12）。

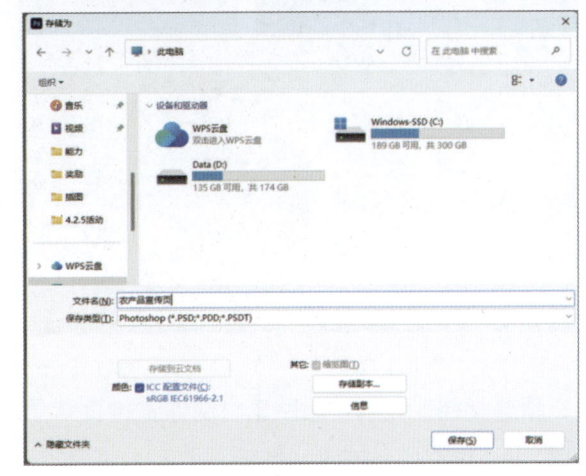

图 4.3.12

4.3.2 制作城市宣传页

1. 新建文档，制作宣传页背景

① 选择"文件"→"新建"菜单命令，或者按快捷键 Ctrl+N，新建空白文档（见图 4.3.13）。

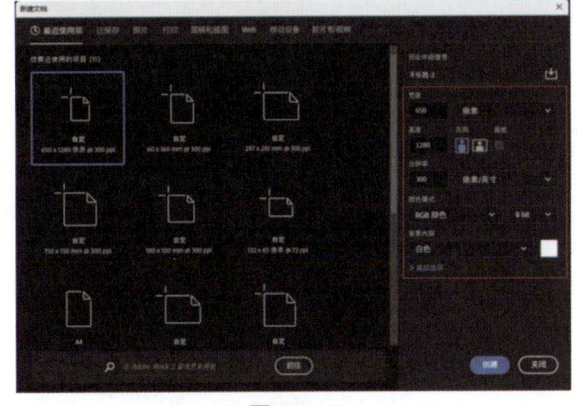

图 4.3.13

② 选择"图层"→"新建"菜单命令，或者按快捷键 Ctrl+Shift+N，创建一个名为"图层 1"新图层，并将新图层填充为蓝色（R=32, G=145, B=202）（见图 4.3.14）。

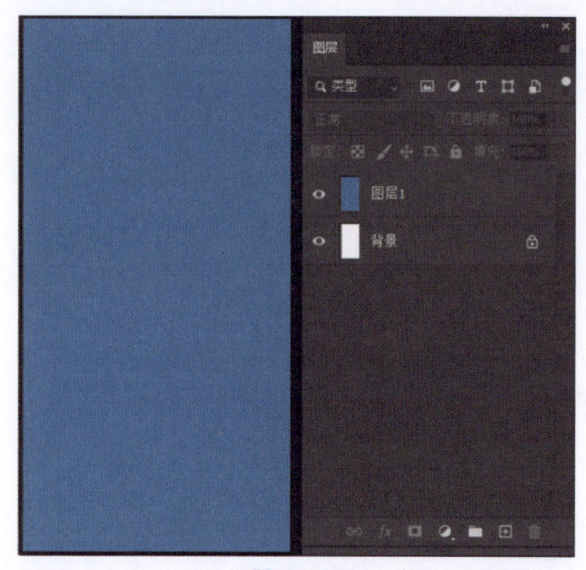

图 4.3.14

2. 新建文档，复制、粘贴素材制作宣传页背景

01 导入"素材 4.3.2-1"，将其命名为"图层 2"，给"图层 2"添加图层蒙版，选择"画笔工具"，设置前景色为黑色，用画笔涂抹图像衔接部分，设置图层的"混合模式"为"强光"、"不透明度"为 95%（见图 4.3.15）。

图 4.3.15

02 选择"图层"→"新建"→"图层"菜单命令，或者按快捷键 Shift+Ctrl+N 键，弹出"新建图层"对话框，为新建图层命名为"图层 3"，在"图层 3"上绘制白色矩形，设置"不透明度"为 20%（见图 4.3.16）。

图 4.3.16

3. 导入文字素材

01 导入"素材 4.3.2-2"，将"重阳"放置在白色矩形上方，剩余的"山重水复……"和"3 人以上……"放置到图像的下半部分（见图 4.3.17）。

图 4.3.17

02 导入"素材 4.3.2-3"中的二维码素材，移动到图像的右下角（见图 4.3.18）。

4. 保存文档

选择"文件"→"存储为"菜单命令，或者按快捷键 Shift+Ctrl+S，将文件命名为"重阳旅游海报"，设置"保存类型"为 PSD 格式，单击"保存"按钮保存文件（见图 4.3.19）。

> 第 4 章　任务：图层与图层蒙版的使用

图 4.3.18

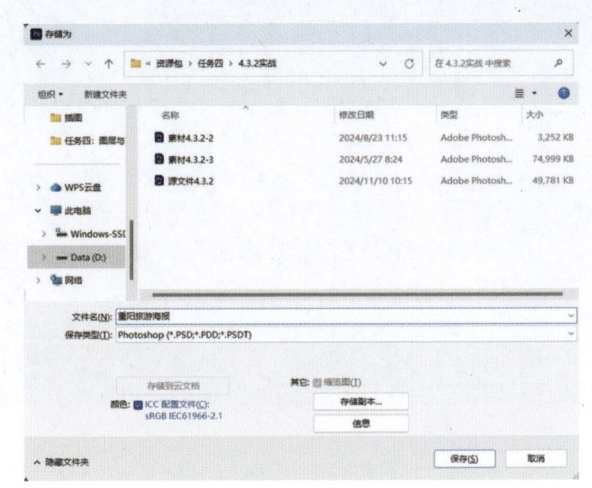

图 4.3.19

第 5 章

任务：应用矢量工具与路径绘制图形

5.1 预备知识

5.1.1 认识矢量工具选项栏

选择"钢笔工具"或者形状工具组中的工具等矢量工具后，会在窗口最上方显示矢量工具选项栏，用户可以根据不同的需求选择"形状""路径""像素"等工具模式，然后进行图形绘制（见图 5.1.1）。

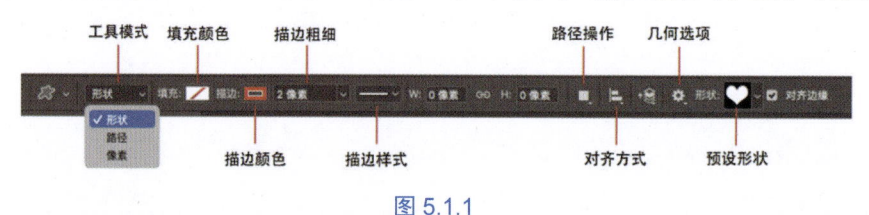

图 5.1.1

知识链接

（1）"工具模式"→"形状"：运用该模式会自动生成图层，在工具选项栏中可以设置图形的填充与描边，同时在"路径"面板中，会生成新的形状路径（见图 5.1.2）。

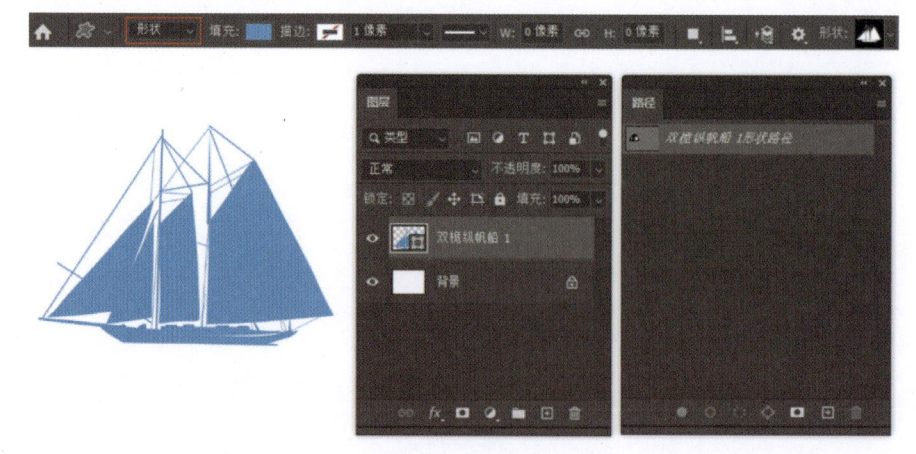

图 5.1.2

（2）"工具模式"→"路径"：运用该模式不会生成新的图层，在"路径"面板中生成新的工作路径，可以将该路径转换为选区、颜色填充和描边路径（见图 5.1.3）。

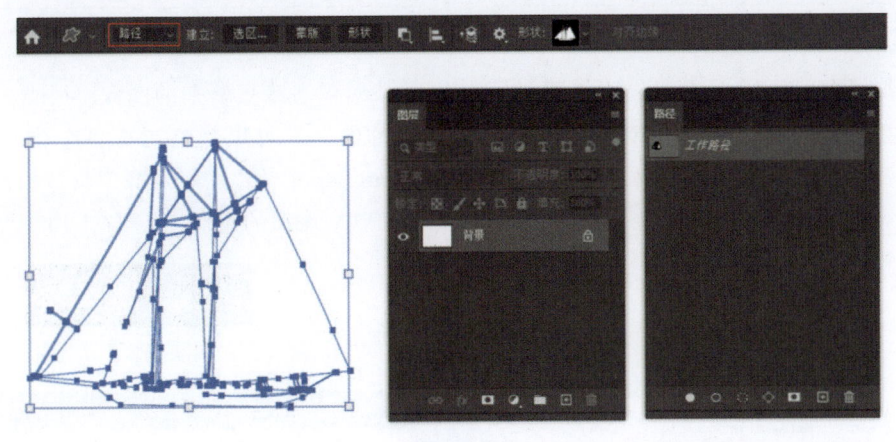

图 5.1.3

（3）"工具模式"→"像素"：运用该模式在图层上绘制图形，不会生成新的图层，但可以自动为图形填充颜色，填充色为前景色。由于不是矢量图形，所以"路径"面板中不会有任何路径生成（见图 5.1.4）。

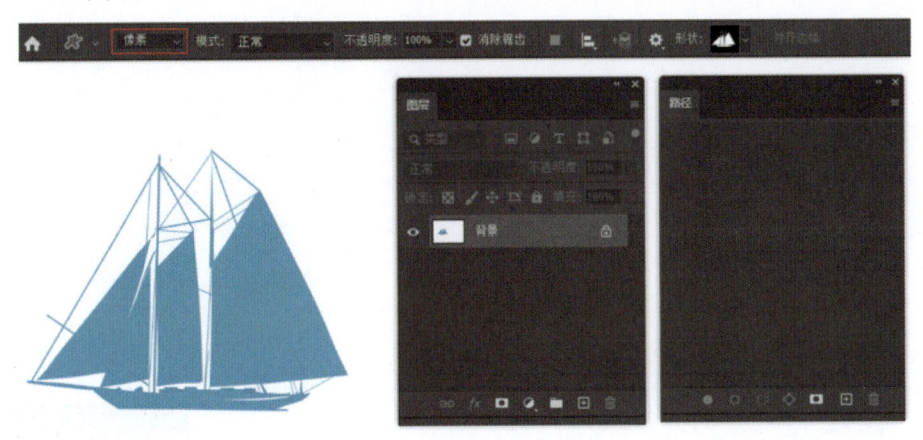

图 5.1.4

5.1.2　认识路径与锚点

路径：由贝塞尔曲线段构成的线条或图形，而对于连接线条和图形的点与线段都可以进行随意编辑（见图 5.1.5）。

分为平滑点与角点；曲线路径上各锚点的切线为方向线，方向线的端点为方向点，方向点可以控制曲线的大小和弧度（见图 5.1.6）。

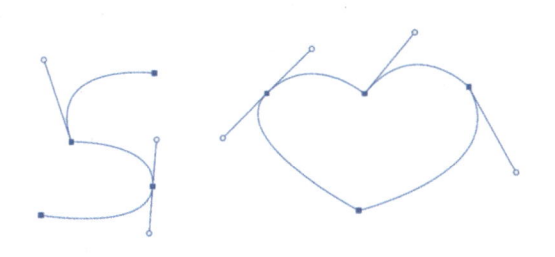

图 5.1.5

锚点：连接路径各线段的端点，路径中的锚点

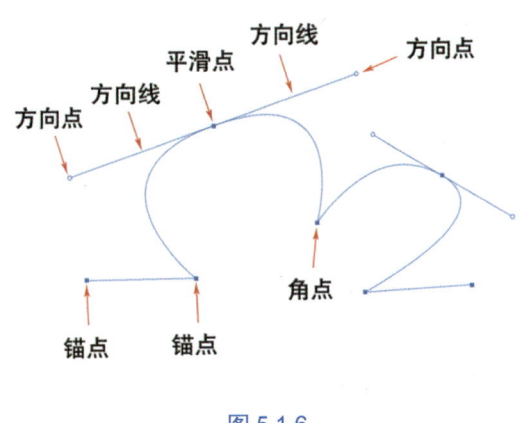

图 5.1.6

5.1.3 认识"钢笔工具"

"钢笔工具" 是最强大的矢量绘图工具，也是最常用的路径绘制工具，使用"钢笔工具"可以创建光滑且复杂的开放、封闭的路径和形状（见图5.1.7）。

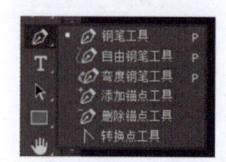

图 5.1.7

直线：在画布上依次单击，确定直线段的起点和终点，Photoshop 会自动在单击过的位置产生锚点（见图 5.1.8）。

图 5.1.8

曲线：在需要创建锚点的位置按住鼠标左键拖动，在拖动时会显示出方向线，鼠标指针的位置为方向点的位置。通过改变方向线的方向和长度，可以控制曲线的形状（见图 5.1.9）。

图 5.1.9

知识链接

（1）按住 Shift 键可以绘制角度为 45°或 90°的直线段。

（2）按住 Ctrl 键的同时单击空白处将会结束当前绘制。

（3）在使用"钢笔工具"的过程中，按下 Alt 键，可以临时切换为"转换点工具"，完成角点和平滑点的转换。

5.1.4 选择与编辑路径

对于边缘很复杂的图像，很难一次性完成路径的绘制，可以粗略定位各个锚点，然后通过 Photoshop 中的"路径选择工具"和"直接选择工具"进行细微的调整（见图5.1.10）。

图 5.1.10

知识链接

（1）路径选择工具：可以移动和选择整个路径。

（2）直接选择工具：可以移动和选择某一个锚点，通过拖动鼠标框选可以同时选中多个锚点，然后进行编辑。

（3）取消选择路径：在空白处单击即可。

5.1.5 认识"路径"面板

"路径"面板的主要功能是保存和管理路径，可以实现新建路径、存储路径等操作。选择"窗口"→"路径"菜单命令，打开"路径"面板（见图 5.1.11）。

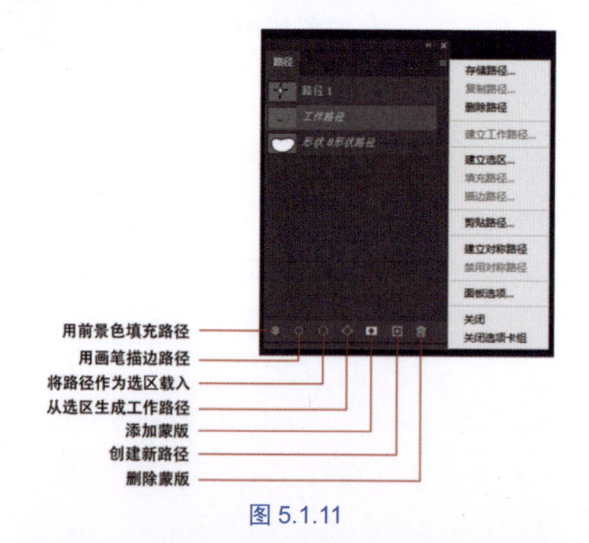

图 5.1.11

知识链接

（1）工作路径是一种临时路径，下一次路径操作会将上一次的工作路径覆盖。

（2）如果要保存工作路径，可将其拖到"路径"面板底部的"创建新路径"按钮上，使其变为普通路径。

（3）用户可以直接创建并重命名普通路径，并且会在 PSD 文件中一直存在。

5.1.6 形状工具

在 Photoshop 中，使用"钢笔工具"可以绘制形状，除此以外，Photoshop 还提供了 6 种形状工具，分别是"矩形工具""椭圆工具""三角形工具""多边形工具""直线工具""自定形状工具"（见图 5.1.12）。

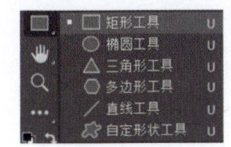

图 5.1.12

知识链接

（1）"矩形工具"和"椭圆工具"：按住 Shift 键可以绘制正方形／正圆形；按住 Alt 键可以绘制以单击点为中心的图形；按住快捷键 Shift+Alt 可以绘制以单击点为中心的正方形／正圆形。

（2）"直线工具"：按住 Shift 键可以绘制垂直、水平及 45°角的直线段。

（3）"自定义形状工具"：绘制时按住 Shift 键可以保持形状的原始比例。

5.2　学习实践活动

5.2.1　活动：使用"钢笔工具"绘制心形

01 选择"文件"→"新建"菜单命令，或者按下快捷键 Ctrl+N，新建空白文档（见图 5.2.1）。

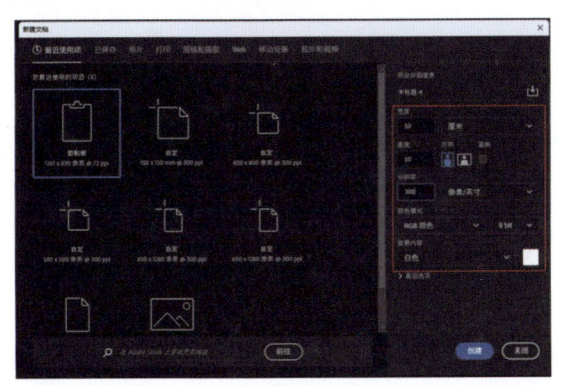

图 5.2.1

02 选择"视图"→"显示"→"网格"菜单命令，或者按下快捷键 Ctrl+H 显示网格（见图 5.2.2）。

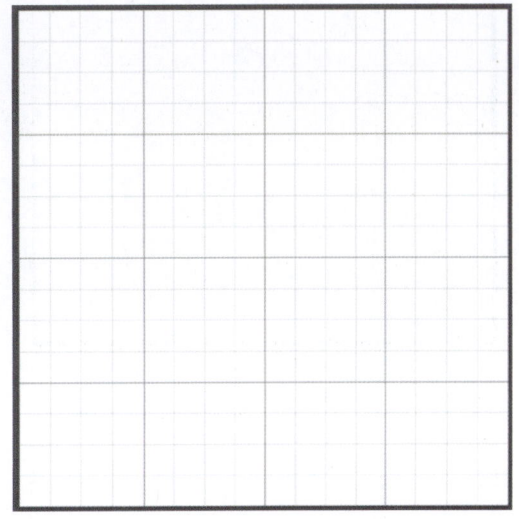

图 5.2.2

03 选择"钢笔工具"，在工具选项栏中，单击"路径选项"按钮 ，选中"橡皮带"复选框，并在画布中间单击建立第一个锚点（见图 5.2.3）。

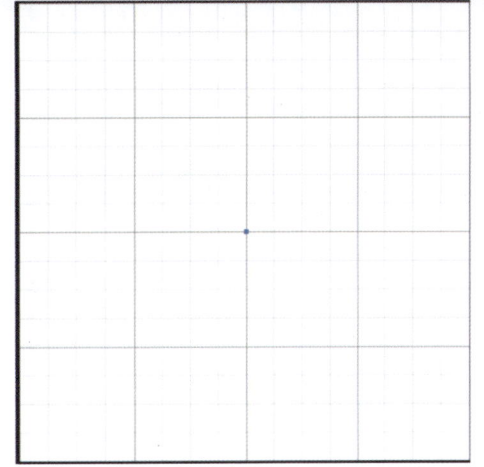

图 5.2.3

04 在第一个锚点的右上方单击并拖动鼠标，建立第二个锚点（见图 5.2.4）。

05 将鼠标指针移动至下一个锚点的位置，单击并拖动鼠标绘制曲线段（见图 5.2.5）。

79

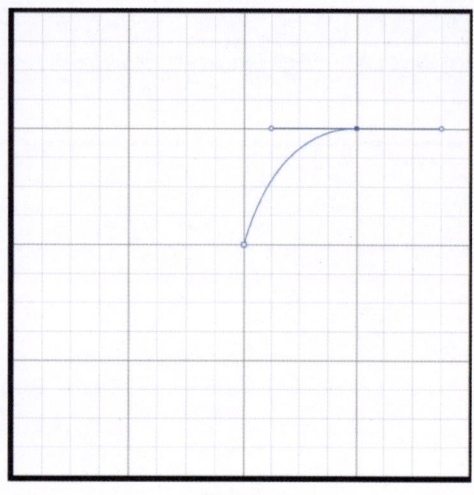

图 5.2.4

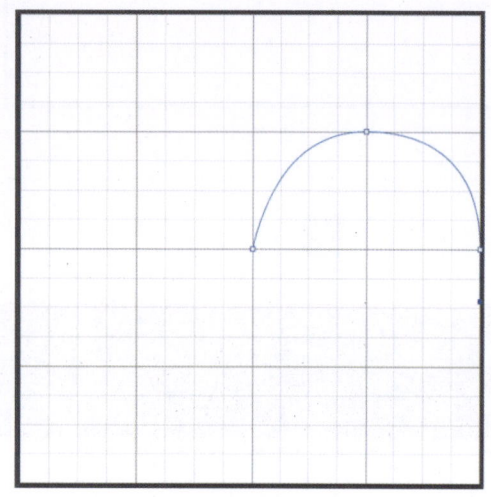

图 5.2.5

06 再次将鼠标指针移动至下一个锚点的位置，单击但不拖动鼠标，创建一个角点（见图 5.2.6）。

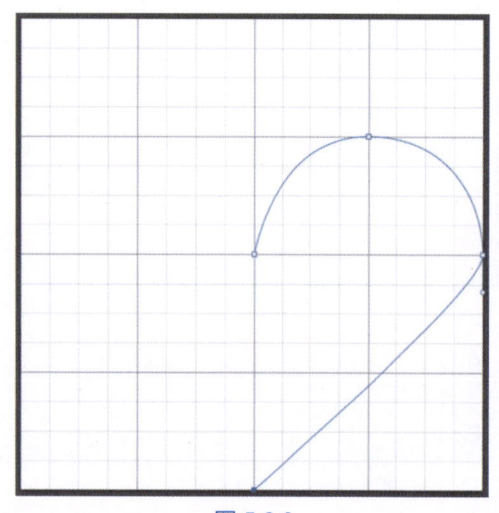

图 5.2.6

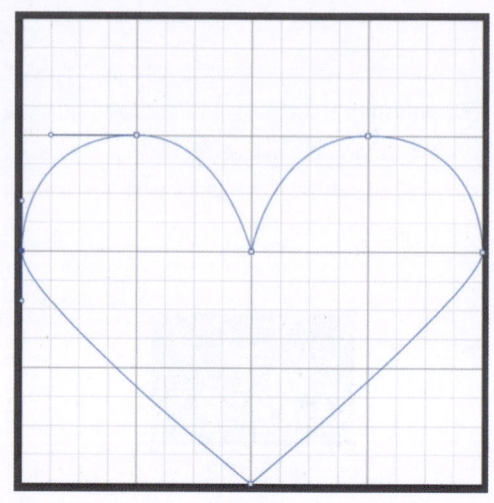

07 使用相同的方法，完成左侧心形的绘制并闭合路径（见图 5.2.7）。

图 5.2.7

08 选择"视图"→"显示"→"网格"菜单命令，或者按下快捷键 Ctrl+H 隐藏网格（见图 5.2.8）。

图 5.2.8

09 选择"文件"→"存储为"菜单命令，或者按下快捷键 Shift+Ctrl+S，将文件命名为"心形路径"，设置"保存类型"为 PSD 格式，单击"保存"按钮保存文件。

5.2.2 活动：使用"路径"面板绘制卡通图像

01 打开"素材 5.2.2"，选择"窗口"→"路径"菜单命令，打开"路径"面板（见图 5.2.9）。

图 5.2.9

02 新建图层并命名为"图层 1",选择"窗口"→"路径"菜单命令,打开"路径"面板,单击"身体"路径,使路径在"图层 1"上显示(见图 5.2.10)。

图 5.2.10

03 选择"路径选择工具",选择熊猫"身体"路径,设置前景色为白色(R=255, G=255, B=255),单击"路径"面板下方的"用前景色填充路径"按钮,完成对熊猫身体颜色的填充(见图 5.2.11)。

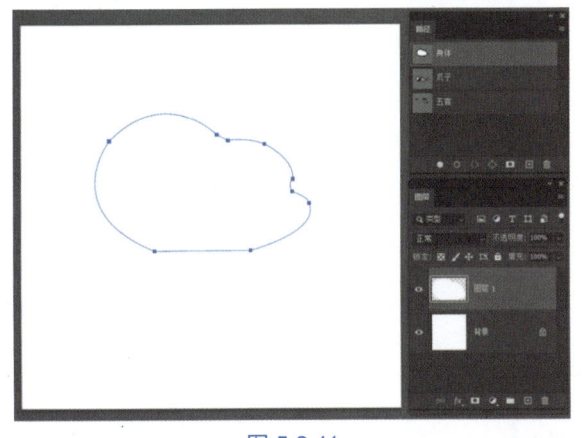

图 5.2.11

04 设置前景色为黑色(R=0, G=0, B=0),在工具箱中选择"画笔工具",在其选项栏中设置画笔"大小"为"10 像素"、"硬度"为 100%,单击"路径"面板下方的"用画笔描边路径"按钮,完成对熊猫身体部分的描边(见图 5.2.12)。

图 5.2.12

05 新建"图层 2",选择"路径选择工具",选择熊猫"爪子"路径,设置前景色为黑色,单击"路径"面板下方的"用前景色填充路径"按钮,完成对熊猫爪子部分的颜色填充;设置前景色为白色,用同样的方式完成熊猫爪子脚底部分的填充(见图 5.2.13)。

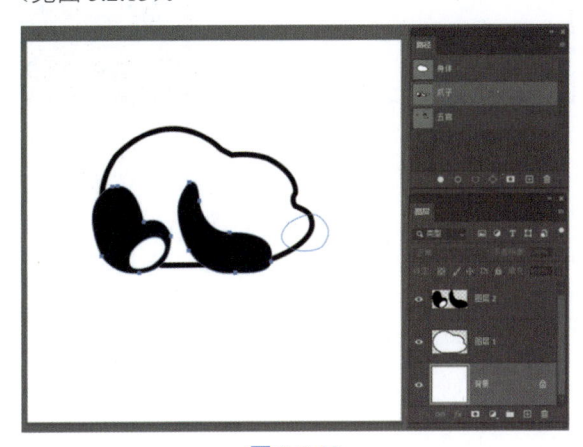

图 5.2.13

06 新建"图层 3",选择"路径选择工具",选择熊猫"爪子"路径中最右侧的路径,设置前景色为黑色,单击"路径"面板下方的"用前景色

81

填充路径"按钮,完成熊猫最右侧爪子部分的颜色填充,并将"图层3"移动到"图层1"的下方(见图5.2.14)。

图 5.2.14

07 新建"图层4",选择"路径选择工具",选择熊猫"五官"路径,设置前景色为黑色,单击"路径"面板下方的"用前景色填充路径"按钮,完成熊猫五官部分的颜色填充(见图5.2.15)。

图 5.2.15

08 新建"图层5",选择"路径选择工具",选择熊猫"五官"路径,设置前景色为黑色,单击"路径"面板下方的"用前景色填充路径"按钮,完成熊猫尾巴的颜色填充,并将"图层5"移动到"图层1"下方(见图5.2.16)。

09 选择"文件"→"存储为"菜单命令,或者按下快捷键 Shift+Ctrl+S,将文件命名为"熊猫",设置"保存类型"为 PSD 格式,单击"保存"按钮保存文件。

图 5.2.16

5.2.3 活动:使用形状工具绘制创意图标

01 选择"文件"→"新建"菜单命令,或者按下快捷键 Ctrl+N,新建空白文档(见图5.2.17)。

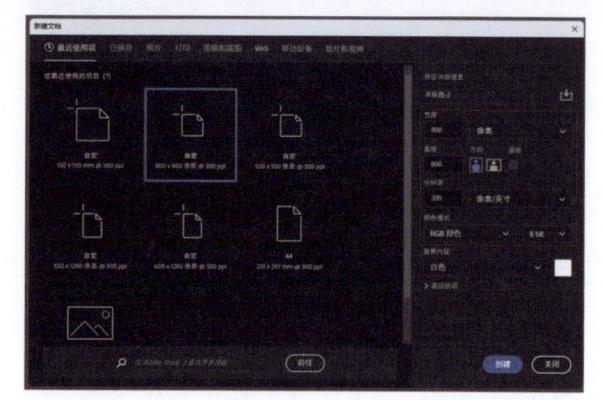

图 5.2.17

02 选择"视图"→"显示"→"标尺"菜单命令,或者按下快捷键 Ctrl+R 显示标尺,从标尺处拖出辅助线,确定画布的中心点(见图5.2.18)。

图 5.2.18

> 第 5 章 任务：应用矢量工具与路径绘制图形

03 选择"椭圆工具"，按住快捷键 Alt+Shift 绘制以中心点为基准的正圆形，在工具选项栏中设置填充色为深绿色（R=23, G=120, B=25），设置描边色为绿色（R=76, G=176, B=80）（见图 5.2.19）。

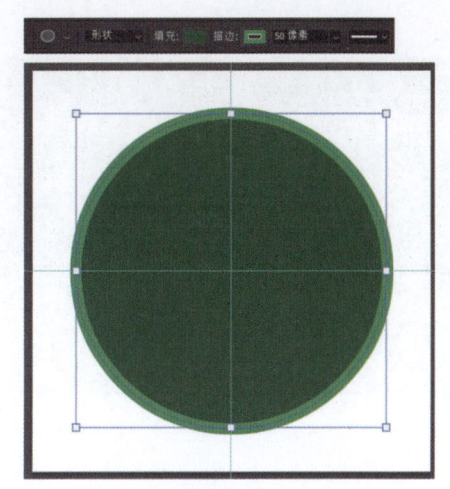

图 5.2.19

04 选择"椭圆工具"，在工具选项栏中设置填充色为渐变色，按快捷键 Alt+Shift 绘制以中心点为基准的正圆形（见图 5.2.20 和图 5.2.21）。

图 5.2.20

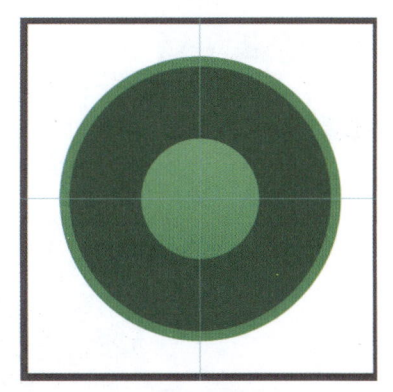

图 5.2.21

05 选择"椭圆工具"，在工具选项栏中设置描边色为绿色（R=64, G=143, B=66），按快捷键 Alt+Shift 绘制以中心点为基准的正圆形（见图 5.2.22 和图 5.2.23）。

图 5.2.22

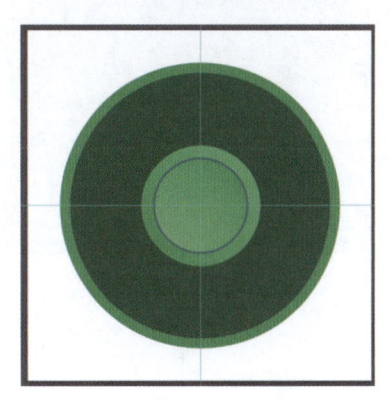

图 5.2.23

06 选择"文字工具"，设置字体为"Adobe 黑体 Std"，输入文字"$"（见图 5.2.24），并添加"描边"和"渐变叠加"图层样式（见图 5.2.25 和图 5.2.26）。

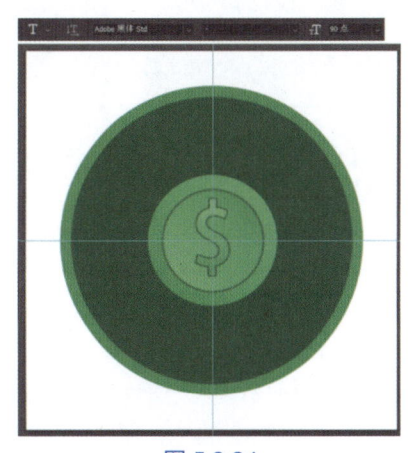

图 5.2.24

83

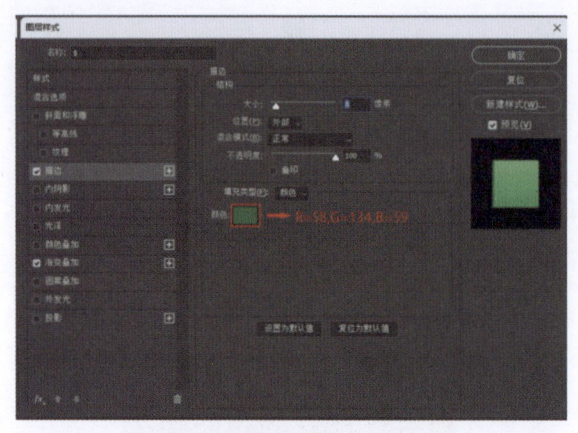

图 5.2.25

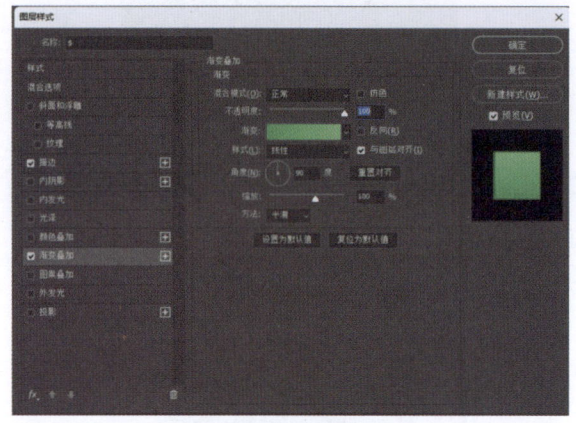

图 5.2.26

07 选择"矩形工具" ▭，绘制绿色（R=16，G=101，B=16）矩形，生成"矩形1"图层，并将该图层移动到"椭圆1"图层上方，创建剪贴蒙版（见图 5.2.27）。

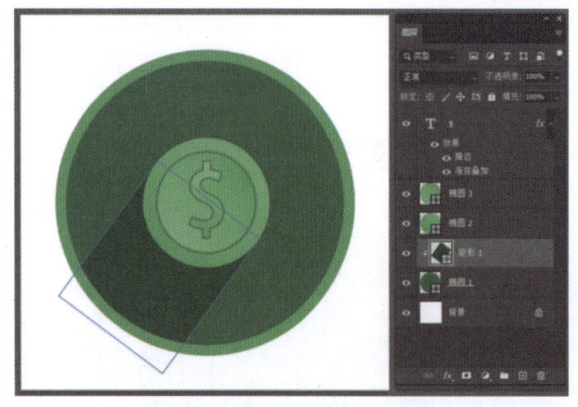

图 5.2.27

08 选择"文件"→"存储为"菜单命令，或者按下快捷键 Shift+Ctrl+S，将文件命名为"按钮"，设置"保存类型"为 PSD 格式，单击"保存"按钮保存文件。

5.2.4　活动：使用"钢笔工具"制作淘宝主图

01 选择"文件"→"新建"菜单命令，或者按下快捷键 Ctrl+N，新建空白文档（见图 5.2.28）。

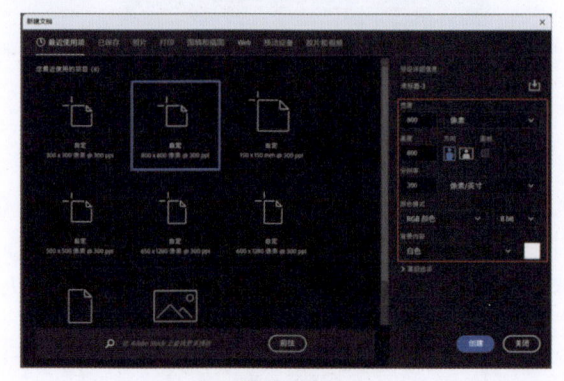

图 5.2.28

02 导入"素材 5.2.4-1"和"素材 5.2.4-2"（见图 5.2.29）。

图 5.2.29

03 打开"素材 5.2.4-3"，选择"钢笔工具"，在工具选项栏中的工具模式下拉列表中选择"路径"选项，沿马克杯杯子外部创建工作路径，并建立蒙版（见图 5.2.30）。

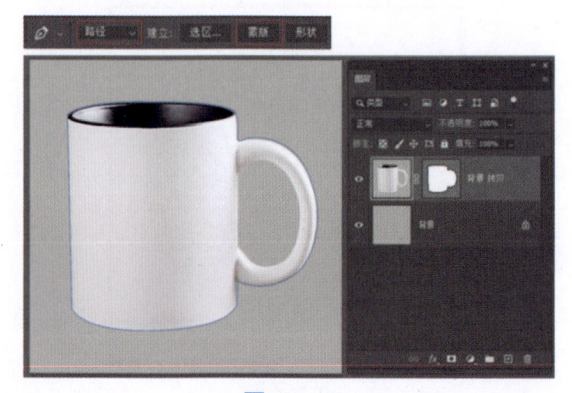

图 5.2.30

04 重复上一步操作，沿马克杯杯子手柄内部创建工作路径，并建立蒙版，（见图5.2.31）。

图 5.2.31

05 将处理好的"素材5.2.4-3"移动到新建的文档中，并在该图层下方创建新的图层，命名为"投影"，使用"椭圆选框工具"绘制椭圆形，设置"羽化半径"为10px、填充颜色为黑色（R=0, G=0, B=0）、图层的"不透明度"为25%（见图5.2.32）。

图 5.2.32

06 选择"文件"→"存储为"菜单命令，或者按下快捷键 Shift+Ctrl+S，将文件命名为"马克杯主图"，设置"保存类型"为PSD格式，单击"保存"按钮保存文件。

5.3 设计师岗位实战演习

5.3.1 使用"钢笔工具"绘制火焰LOGO图标

1. 新建文档，导入结果图素材

01 选择"文件"→"新建"菜单命令，或者按下快捷键 Ctrl+N，新建800×800像素、"分辨率"为"150像素/英寸"、"颜色模式"为"RGB颜色"的空白文档（见图5.3.1）。

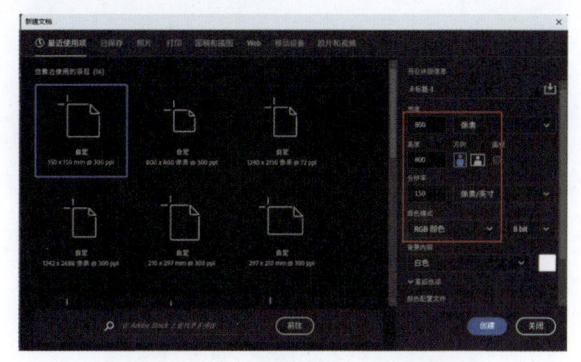

图 5.3.1

02 导入"结果图5.3.1"，生成"图层1"图层（见图5.3.2）。

图 5.3.2

2. 使用"钢笔工具"绘制最底层火焰形状并填充颜色

01 选择"钢笔工具"，在工具选项栏中选择"路径"工具模式，沿最底层火焰形状创建路径（见图5.3.3）。

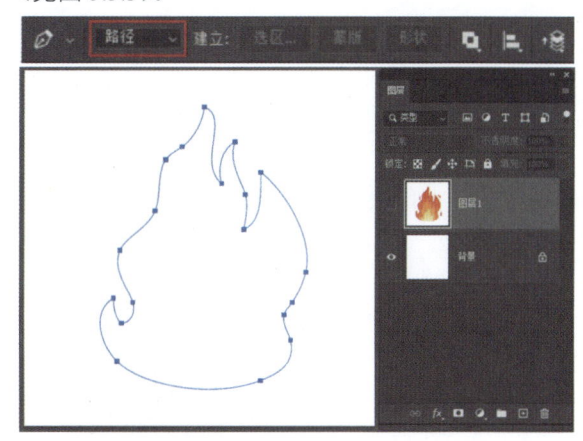

图 5.3.3

02 按下快捷键 Ctrl+Enter，将绘制的路径转化为

选区，创建新的图层并命名为"图层2"。选择"渐变工具"，双击工具选项栏中的渐变条，设置渐变色并对选区进行颜色填充（见图5.3.4和图5.3.5）。

图 5.3.4

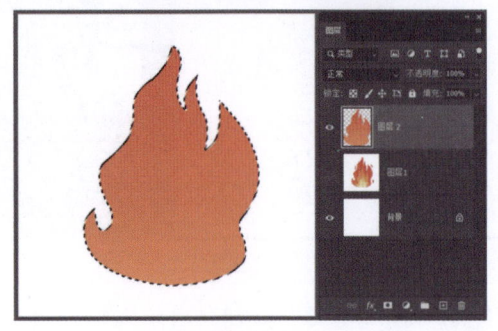

图 5.3.5

3. 使用"钢笔工具"绘制最中间层火焰形状并填充颜色

① 选择"钢笔工具"，在工具选项栏中选择"路径"工具模式，沿中层火焰形状创建路径（见图5.3.6）。

图 5.3.6

② 按下快捷键 Ctrl+Enter，将绘制的路径转化为选区，并创建新的图层，命名为"图层3"。单击"渐变工具"，双击工具选项栏中的渐变条，设置渐变色并对选区进行颜色填充（见图5.3.7和图5.3.8）。

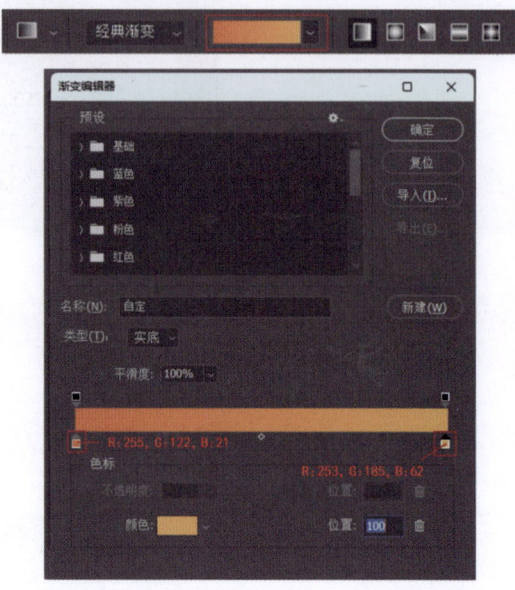

图 5.3.7

图 5.3.8

4. 使用"钢笔工具"绘制最上层火焰形状并填充颜色

① 选择"钢笔工具"，在工具选项栏中选择"路径"工具模式，沿最上层火焰形状创建路径（见图5.3.9）。

② 按下快捷键 Ctrl+Enter，将绘制的路径转化为选区，并创建新的图层，命名为"图层4"。单击"渐变工具"，双击工具选项栏中的渐变条，设置渐变色并对选区进行颜色填充（见图5.3.10和图5.3.11）。

> 第 5 章 任务：应用矢量工具与路径绘制图形

图 5.3.9

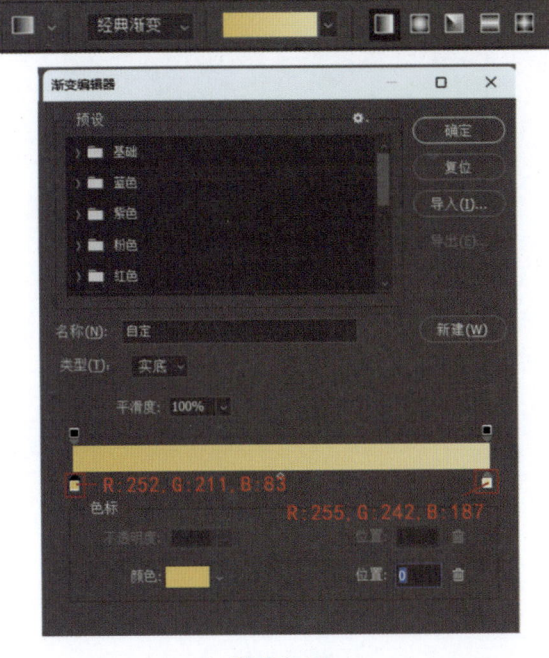

图 5.3.10

图 5.3.11

5. 使用"钢笔工具"绘制火星形状并填充颜色

① 选择"钢笔工具" ，在工具选项栏中选择"路径"工具模式，沿火焰周围的火星形状绘制并创建路径（见图 5.3.12）。

图 5.3.12

② 将绘制的路径转化为选区，并创建新的图层，命名为"图层 5"，设置前景色为橙色（R=253，G=40，B=8），按下快捷键 Ctrl+Delete 进行颜色填充（见图 5.3.13）。

图 5.3.13

6. 调整图像整体色调，并保存文档

① 按下快捷键 Ctrl+Alt+Shift+E 盖印图层，生成新的"图层 6"图层，选择"图像"→"调整"→"曲线"菜单命令，对图像进行色调调整（见图 5.3.14）。

② 选择"文件"→"存储为"菜单命令，或者按下快捷键 Shift+Ctrl+S，将文件命名为"火焰LOGO"，设置"保存类型"为 PSD 格式，单击"保存"按钮保存文件（见图 5.3.15）。

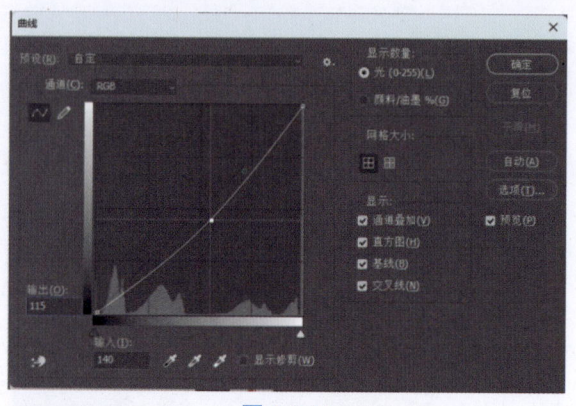

图 5.3.14

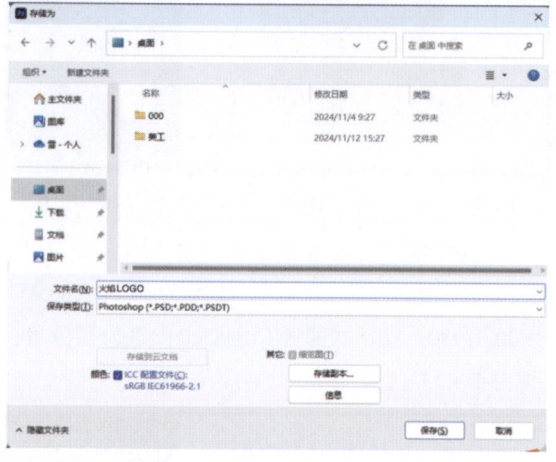

图 5.3.15

5.3.2 使用矢量工具绘制国风饮品海报

1. 新建文档，制作宣传页背景

01 选择"文件"→"新建"菜单命令，或者按下快捷键 Ctrl+N 新建文件，在"新建"对话框中，设置"宽度"为"1240 像素"、"高度"为"2150 像素"、"分辨率"为"72 像素/英寸"、"颜色模式"为 RGB 的空白文档（见图 5.3.16）。

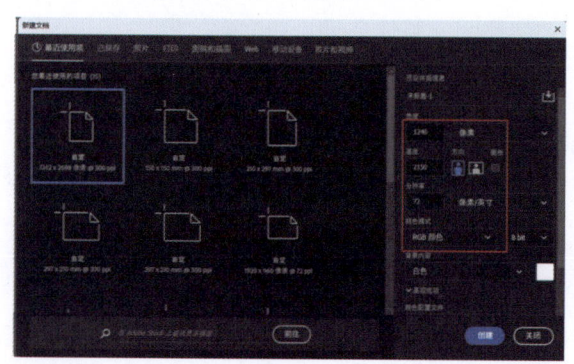

图 5.3.16

02 单击"渐变工具"，双击工具选项栏中的渐变条，打开"渐变编辑器"对话框（见图 5.3.17），双击左侧色标，设置颜色为绿色（R=185, G=217, B=167），双击右侧色标，设置颜色为浅绿色（R=217, G=235, B=209）（见图 5.3.18）。

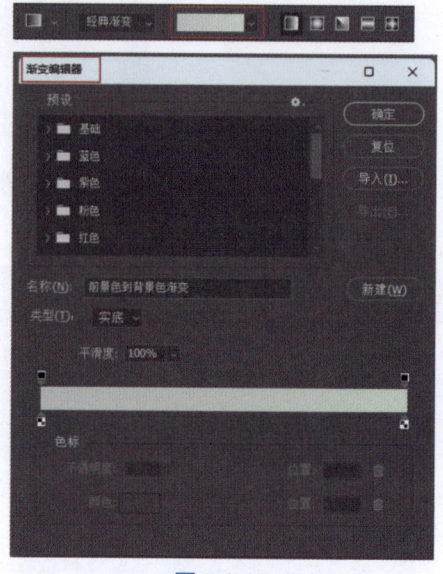

图 5.3.17

图 5.3.18

03 在渐变工具选项栏中选择"线性渐变"，从文档的左上角向右下角拖曳（见图 5.3.19）。

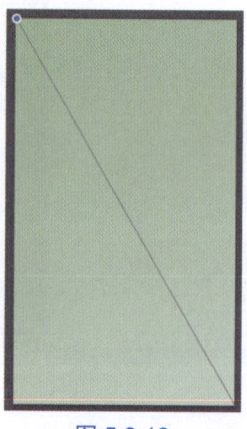

图 5.3.19

2. 导入产品素材，完成产品素材部分的制作

01 导入"素材5.3.2-1"中的素材，移动到"背景"图层上方，调整图层的"不透明度"为95%（见图5.3.20）。

图 5.3.20

02 打开"素材5.3.2-2"，选择"钢笔工具"，在工具选项栏中选择"路径"选项，使用"钢笔工具"沿产品图绘制路径（见图5.3.21）。

图 5.3.21

03 按下快捷键 Ctrl+Enter，将绘制的路径转化为选区，使用"移动工具"将选区内的内容拖到创建的文档中（见图5.3.22）。

图 5.3.22

3. 对产品图片进行装饰性处理

01 导入"素材5.3.2-3"，使用"移动工具"将花卉素材移动到对应的位置（见图5.3.23）。

图 5.3.23

02 选择"椭圆工具"，设置填充色为绿色（R=115, G=181, B=71），按住 Shift 键绘制正圆形（见图5.3.24）。

03 选择"椭圆工具"，按住 Shift 键绘制正圆形，设置描边色为白色，设置描边样式为虚线（见图5.3.25）。

图 5.3.24

图 5.3.26

② 选择"文件"→"存储为"菜单命令，或者按下快捷键 Shift+Ctrl+S，将文件命名为"国风饮品海报"，设置"保存类型"为 PSD 格式，单击"保存"按钮保存文件（见图 5.3.27）。

图 5.3.25

4. 导入文本素材，保存文件

① 导入"素材 5.3.2-4"，使用"移动工具"将素材移动到合适的位置（见图 5.3.26）。

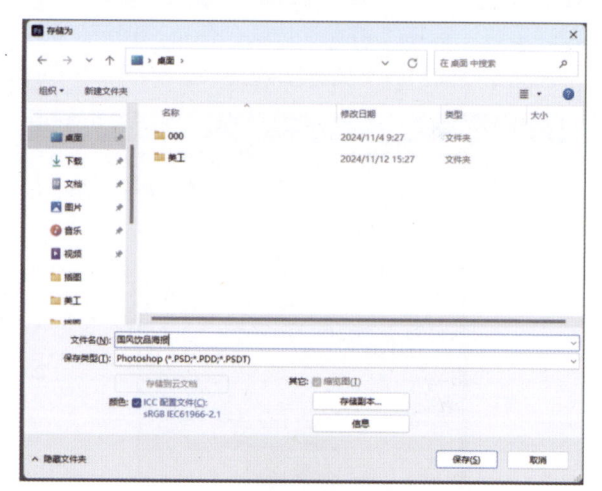

图 5.3.27

第 6 章
任务：应用文字工具

6.1 预备知识

Photoshop 将文字工具分为两种类型，一种是"横排文字工具"与"直排文字工具"，可以直接生成文字图层；另一种是"横排文字蒙版工具"与"直排文字蒙版工具"，可以创建文字选区（见图6.1.1）。

图 6.1.1

6.1.1 认识点文本与段落文本

点文本就是单击画布上的任意位置并输入文字，适合标题等少量文字的输入；段落文本就是在画布上拖动鼠标以创建文本框，然后输入段落文字，适合正文等大量文字的输入（见图 6.1.2）。

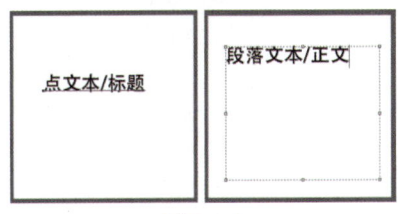

图 6.1.2

知识链接

（1）在输入点文本时不会自动换行，用户可以按下 Enter 键进行换行操作。

（2）在输入段落文本时，文字在文本框内可以自动换行，也可以按 Enter 键强制换行分段。

输入点文本和段落文本后，用户可根据需要进行相互转换。操作时，只需要选择文字所在的图层，然后选择"文字"→"转换为点（段落）文本"菜单命令即可（见图 6.1.3）。

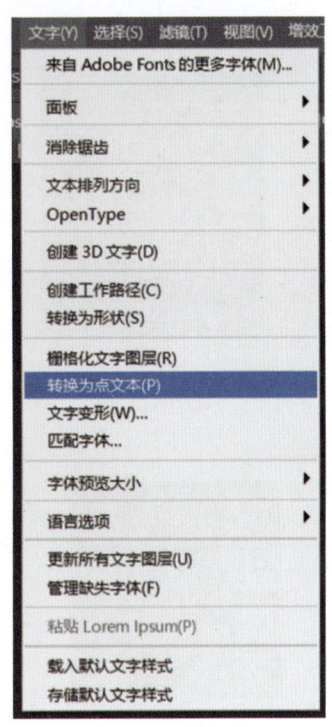

图 6.1.3

6.1.2 认识文字工具选项栏和"字符"面板、"段落"面板

1. 文字工具选项栏

选择文字工具 T 后，文档窗口上部出现文字工具选项栏，可以对文字的输入方向、字体、字号、文字颜色等进行设置（见图 6.1.4）。

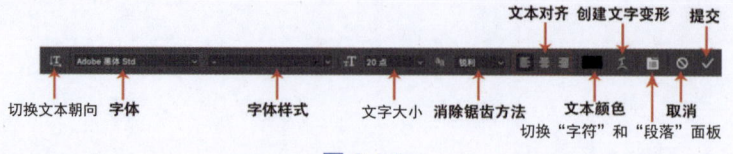

图 6.1.4

知识链接

（1）选择"文字"→"文本排列方向"菜单命令，可以更改文字的输入方向。

（2）在选中文字的情况下，按快捷键 Ctrl+Shift+</> 可以调节文字的大小。

2. "字符"面板和"段落"面板

"字符"面板：用于对输入的文字属性进行设置，可以设置文字图层中所选字符的字体、字号、字间距、行间距等（见图 6.1.5）；"段落"面板：用于对输入的段落文字进行设置，可以设置段落文字的段间距、左右缩进、对齐方式等（见图 6.1.6）。

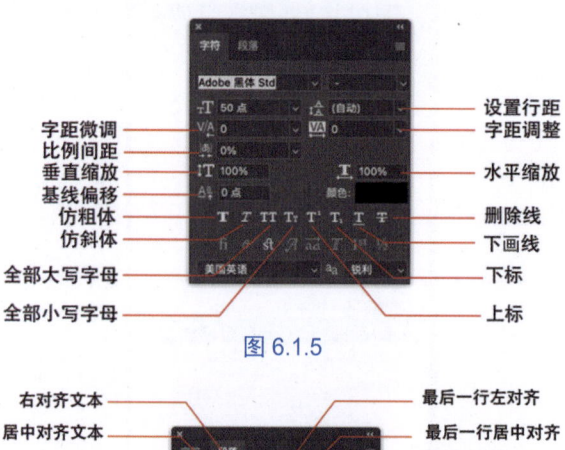

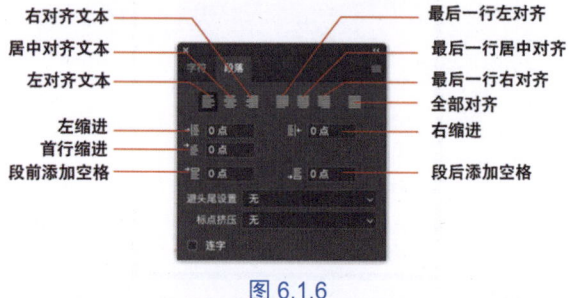

图 6.1.5

图 6.1.6

知识链接

（1）在选中文字的情况下，按快捷键 Alt+←/→ 可以调节所选文字的字间距。

（2）在选中文字的情况下，按快捷键 Alt+↑/↓ 可以调节所选文字的行间距。

（3）在选中文字的情况下，按快捷键 Ctrl+Enter 可以提交当前文本的输入内容。

6.1.3 创建路径文字

路径文字是指建立在路径上的文字，这种文字会沿着路径排列，当路径形状发生改变时，文字的排列也会随之变化（见图 6.1.7）。

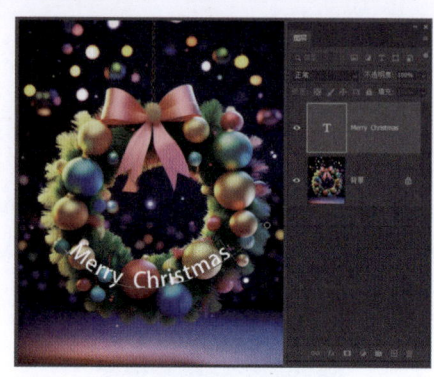

图 6.1.7

6.1.4 将文字转换为路径和形状

在平面设计中，经常会用到一些笔画变形的特殊文字，在 Photoshop 中可以将文字转换为路径和形状，转换后虽然不再具有文本属性，但是可以对其进行变形、填充等编辑操作（见图 6.1.8 和图 6.1.9）。

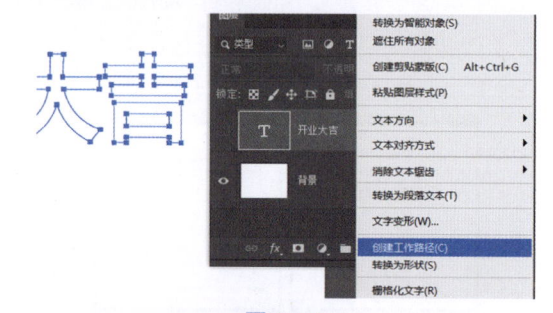

图 6.1.8

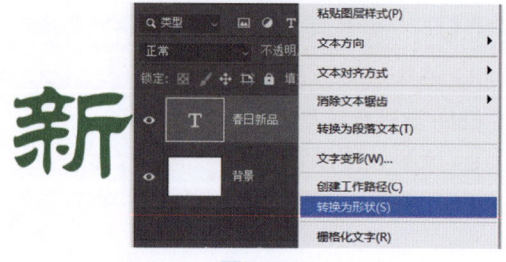

图 6.1.9

6.2 学习实践活动

6.2.1 活动：使用文字工具制作品牌吊牌

01 打开"素材6.2.1-1"，选择"横排文字工具"选项，在文字工具选项栏中选择"微软雅黑-Regular"字体，输入文字"合格证"（见图6.2.1）。

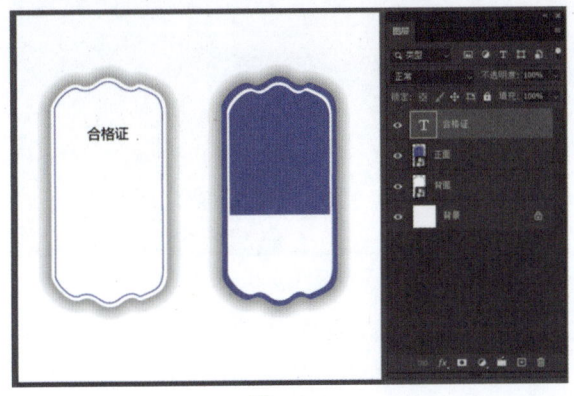

图 6.2.1

02 拖动鼠标定义文本框，在文字工具选项栏中选择"微软雅黑-Regular"字体，在文本框内输入文字"产品名称……""洗涤说明……"；选择"窗口"→"字符样式"菜单命令，弹出"字符"面板，给输入的文字添加下画线，单击"段落"面板，使所输入的文字分别居左对齐、居中对齐（见图6.2.2）。

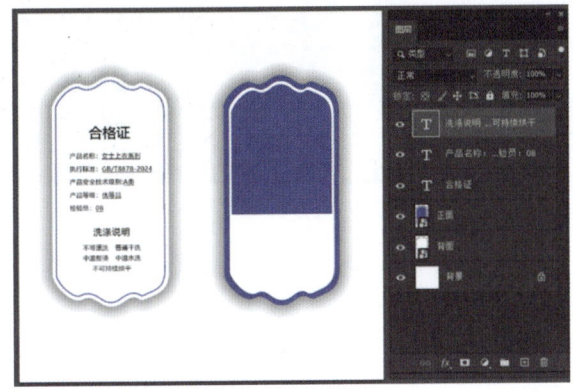

图 6.2.2

03 选择"横排文字工具"，在文字工具选项栏中选择"华文隶书"字体，输入文字"BabyGirl"（见图6.2.3）。

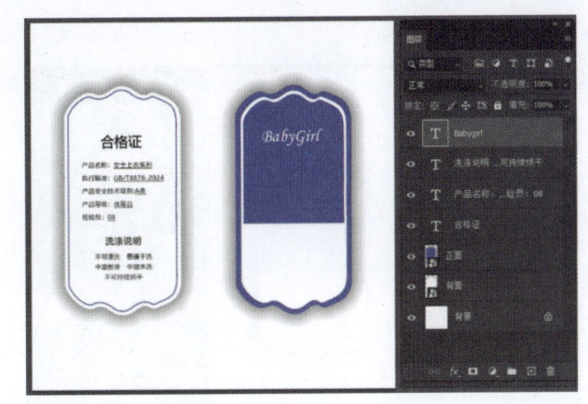

图 6.2.3

04 选择"自定义形状工具" ，在形状工具选项栏中选择"百合花饰1"素材，并复制图层得到"百合花饰1 拷贝"，将这两个图层中的百合花饰放置在"BabyGirl"两侧（见图6.2.4）。

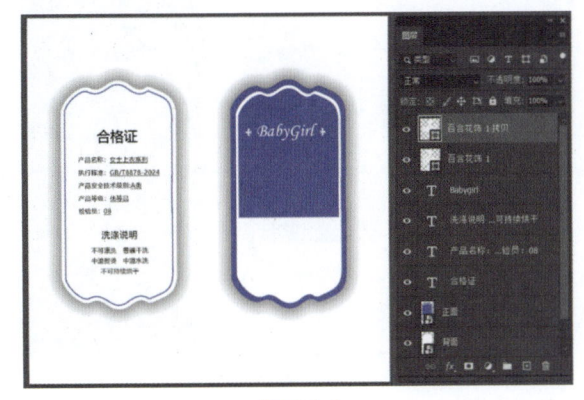

图 6.2.4

05 选择"椭圆工具"，设置填充色为白色，按住Shift键绘制正圆形，并用文字工具输入M，设置字体为"微软雅黑-Bold"（见图6.2.5）。

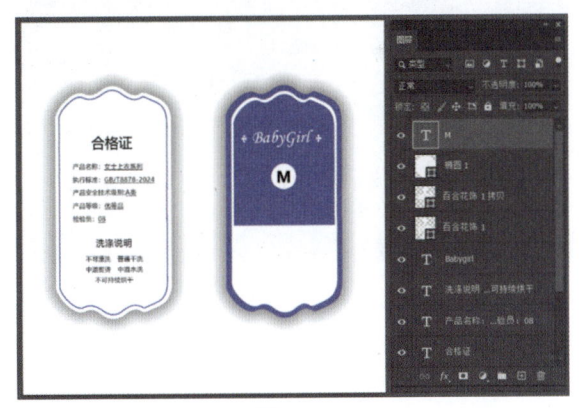

图 6.2.5

06 选择文字工具，在文字工具选项栏中选择"微软雅黑-Regular"字体，输入文字"建议零售价……"（见图 6.2.6）。

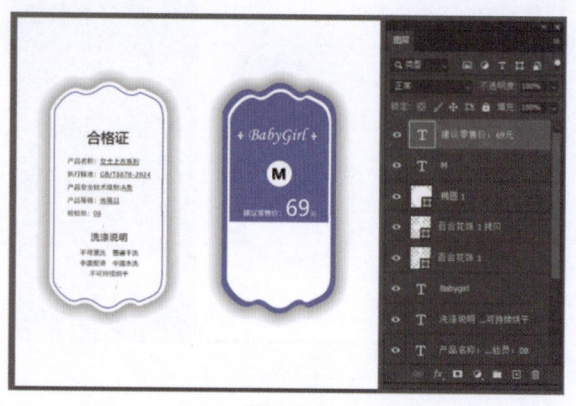

图 6.2.6

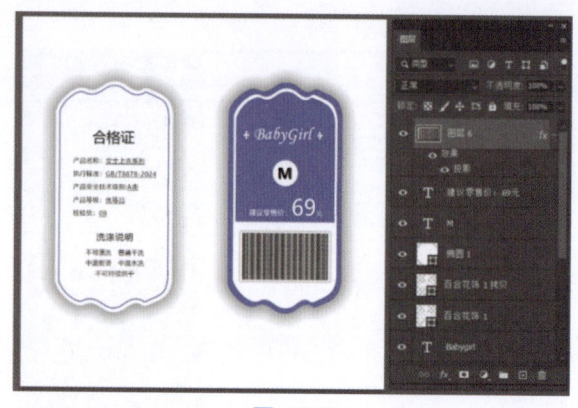

07 导入"素材 6.2.1-2"，添加"投影"图层样式（见图 6.2.7 和图 6.2.8）。

图 6.2.7

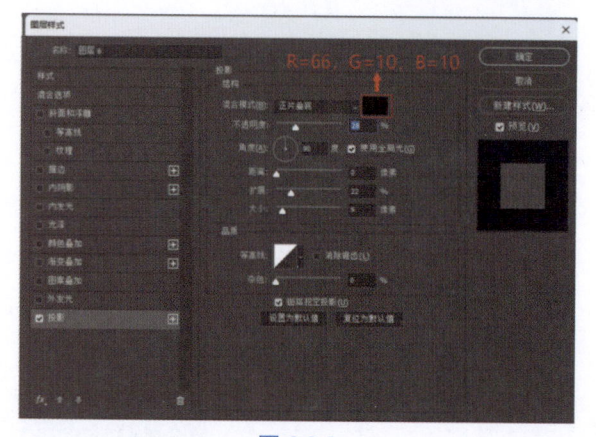

图 6.2.8

08 选择"文件"→"存储为"菜单命令，或者按下快捷键 ft+Ctrl+S，将文件命名为"服装吊牌"，设置"保存类型"为 PSD 格式，单击"保存"按钮保存文件。

6.2.2　活动：使用文字工具和路径工具制作插画

01 打开"素材 6.2-3"，选择"钢笔工具"，沿彩虹桥绘制一条曲线，按住 Ctrl 键单击路径以外的空白区域，结束曲线段的绘制（见图 6.2.9）。

图 6.2.9

02 选择文字工具，在文字工具选项栏中设置"字体"为"Adobe 黑体 Std"、大小为 120、字体颜色为白色，将鼠标指针移至路径上，当鼠标形状上多一条波浪线时单击，输入文字"彩虹 RAINBOW"，按快捷键 Ctrl+Enter 确认文字输入，实现路径文字效果（见图 6.2.10）。

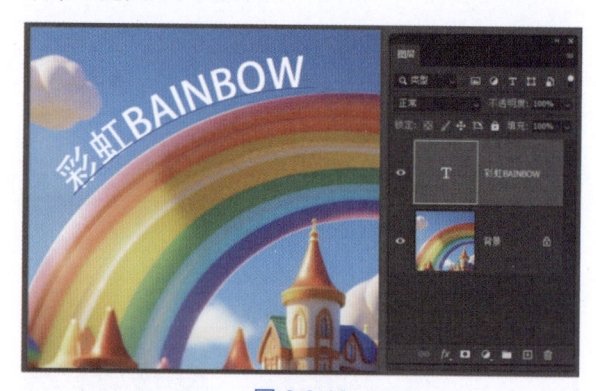

图 6.2.10

03 选择"文件"→"存储为"菜单命令，或者按下快捷键 Shift+Ctrl+S，将文件命名为"彩虹"，设置"保存类型"为 PSD 格式，单击"保存"按钮保存文件。

6.2.3　活动：使用路径文字制作创意文字

01 选择"文件"→"新建"菜单命令，或者按下快捷键 Ctrl+N，新建空白文档（见图 6.2.11）。

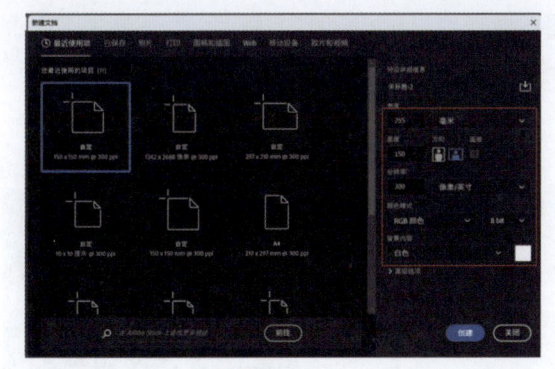

图 6.2.11

02 选择"横版文字工具",在工具选项栏中设置字体为"微软雅黑 -Bold"、字体大小为 135、字体颜色为黑色,输入文字"大造声势"(见图 6.2.12)。

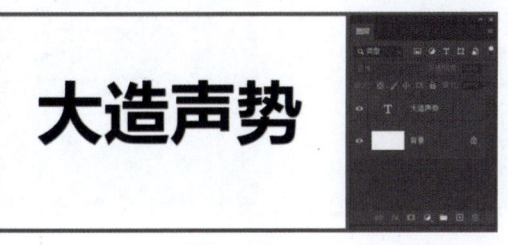

图 6.2.12

03 选择"大造声势"文字图层,右击,在快捷菜单中选择"创建工作路径"命令(见图 6.2.13)。

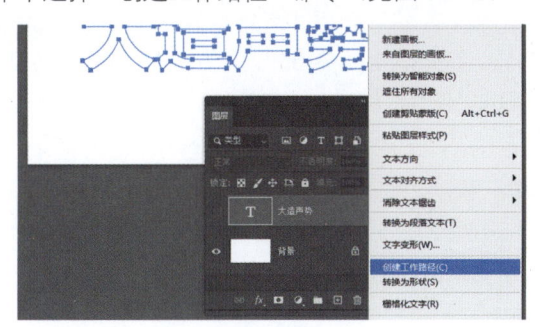

图 6.2.13

04 隐藏"大造声势"文字图层,选择"编辑"→"自由变换路径"菜单命令,或者按下快捷键 Ctrl+T,对所创建的路径执行"斜切"命令(见图 6.2.14)。

图 6.2.14

05 使用"转换点工具"将"大""声"和"势"笔画中的曲线段转换为直线(见图 6.2.15),使用"直接选择工具"移动路径中的锚点(见图 6.2.16)。

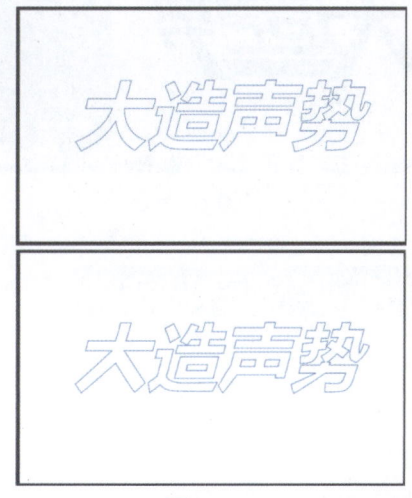

图 6.2.15

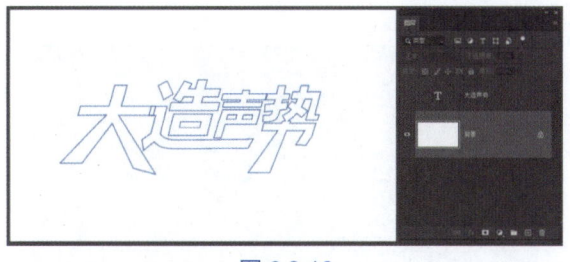

图 6.2.16

06 新建图层,将其命名为"图层 1",按下快捷键 Ctrl+Enter,将调整后的路径转换成选区,并填充黑色(见图 6.2.17)。

图 6.2.17

07 选择"钢笔工具",在工具选项栏中选择"形状"工具模式,设置填充色为黑色,绘制文字以外的装饰图形(见图 6.2.18)。

08 选择"文件"→"存储为"菜单命令,或者按下快捷键 Shift+Ctrl+S,将文件命名为"大造声势",设置"保存类型"为 PSD 格式,单击"保存"按钮保存文件。

图 6.2.18

6.3　设计师岗位实战演习

6.3.1　中国风招聘海报的制作

1. 新建文档，导入素材制作宣传页背景

01 选择"文件"→"新建"菜单命令，或者按下快捷键 Ctrl+N，新建空白文档（见图 6.3.1）。

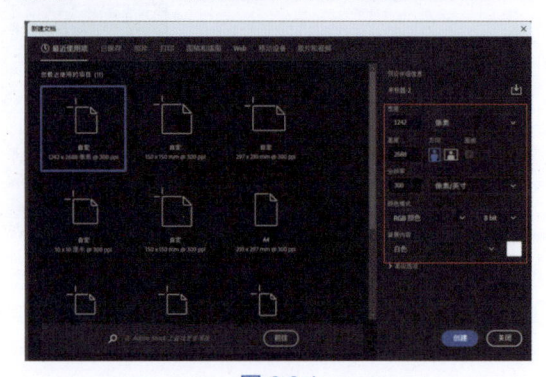

图 6.3.1

02 选择"渐变填充工具"，设置前景色为浅绿色（R=233, G=241, B=235），设置背景色为灰绿色（R=207, G=214, B=207），对背景图层进行颜色填充（见图 6.3.2）。

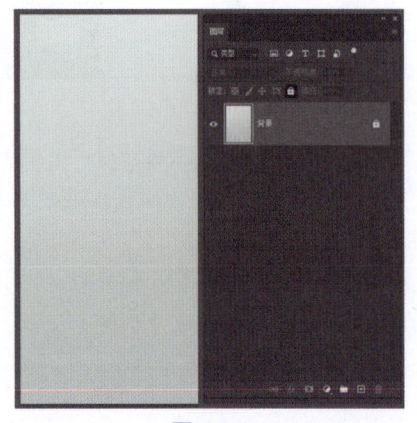

图 6.3.2

03 导入"素材 6.3.1-1"，将"山"图层的"混合模式"设置为"线性减淡（添加）"，选中"侠客"图层并添加图层蒙版，用"画笔工具"在"侠客"和背景图层的衔接部位进行涂抹（见图 6.3.3）。

图 6.3.3

2. 参照结果图进行文字部分的调整

01 导入"素材 6.3.1-2"中的"聘"图层，添加"渐变叠加"图层样式，设置起点颜色为浅棕色（R=233, G=199, B=154）、终点颜色为深棕色（R=140, G=94, B=36）（见图 6.3.4）；设置"投影"颜色为深棕色（R=75, G=43, B=3）、"距离"为"14 像素"、"扩展"为 15%、"大小"为"16 像素"（见图 6.3.5），并移动"聘"图层到"侠客"图层下方（图 6.3.6）。

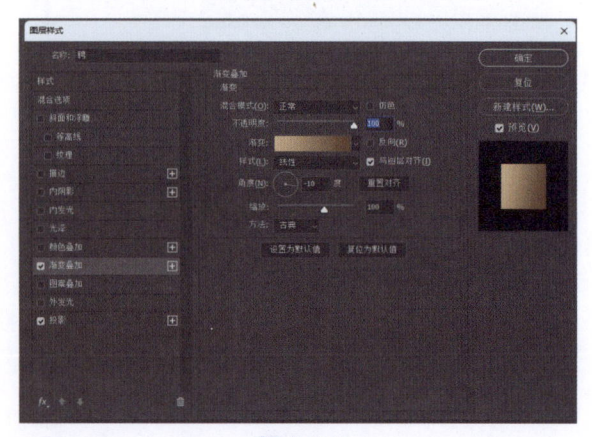

图 6.3.4

> 第 6 章 任务：应用文字工具

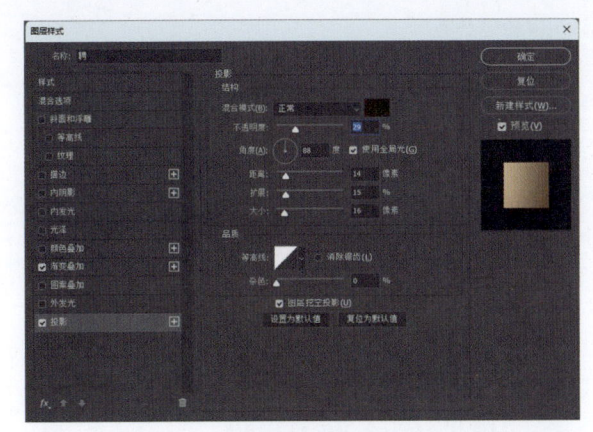

图 6.3.5

图 6.3.6

02 选择"直排文字工具"，设置字体为"微软雅黑 -Regular"，输入"知识网科技有限公司"（见图 6.3.7）。

图 6.3.7

03 选择"横排文字工具"，设置字体为"微软雅黑 -Regular"，设置字体颜色为深棕色（R=141，G=95，B=37），输入"【平面设计师招聘】"（见图 6.3.8）。

图 6.3.8

04 选择"横版文字工具"，拖动鼠标创建文本框，设置字体为"Adobe 黑体 Std"，设置字体颜色为黑色，输入"职位描述……"（见图 6.3.9）。

图 6.3.9

05 导入"素材 6.2.1-2"中的"电话"图层，并添加"颜色叠加"图层样式（见图 6.3.10）。

06 选择"横版文字工具"，在文字工具选项栏中设置字体为"Adobe 黑体 Std"，设置颜色为黑色，输入"咨询热线""联系电话""公司地址"（见图 6.3.11）。

97

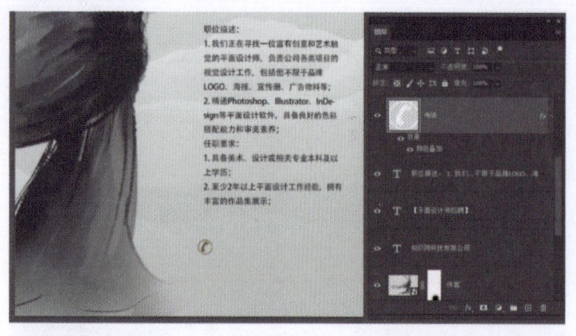

图 6.3.10

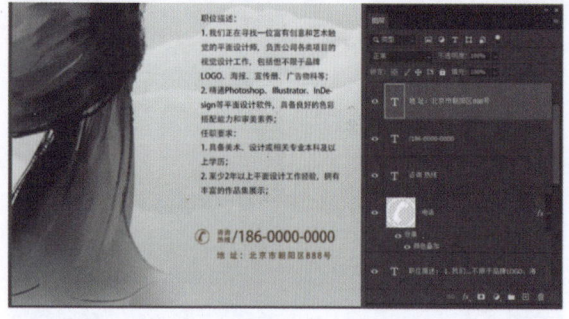

图 6.3.11

3. 导入装饰性素材，并保存文件

01 导入"素材 6.2.1-2"中的"二维码"图层（见图 6.3.12）。

图 6.3.12

02 选择"文件"→"存储为"菜单命令，或者按下快捷键 Shift+Ctrl+S，将文件命名为"招聘广告"，设置"保存类型"为 PSD 格式，单击"保存"按钮保存文件（见图 6.3.13）。

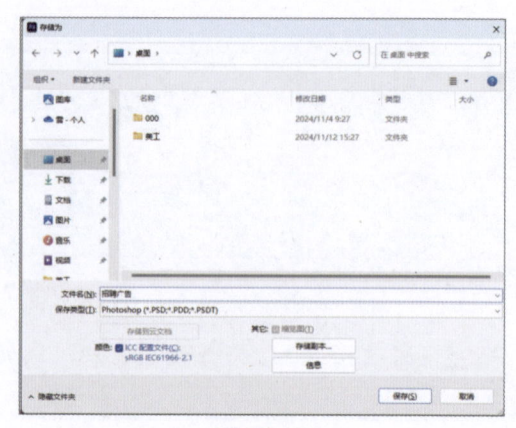

图 6.3.13

6.3.2 "五四"青年节创意字设计

1. 新建文档，主体文字输入

01 选择"文件"→"新建"菜单命令，或者按下快捷键 Ctrl+N，新建 800×800 像素、"分辨率"为"72 像素 / 英寸"、"颜色模式"为"RGB 颜色"的空白文档（见图 6.3.14）。

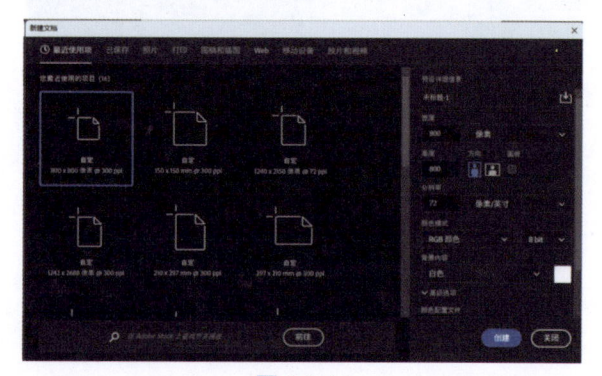

图 6.3.14

02 选择文字工具，在文字工具选项栏中设置字体为"优设字由棒棒体"，设置字体颜色为黑色，在画面中心位置输入"五四青年节"（见图 6.3.15）。

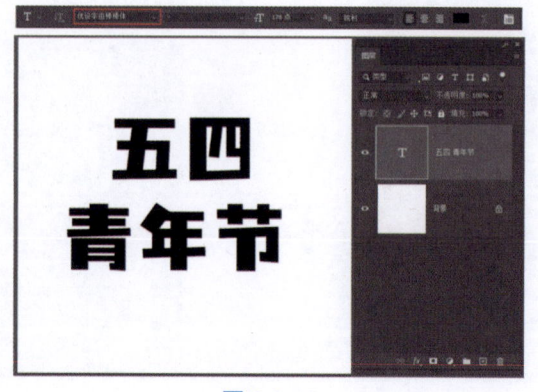

图 6.3.15

2. 对文字图层创建工作路径，并进行路径的变形和调整

① 选择"五四青年节"图层，右击，在快捷菜单中选择"创建文字工作路径"命令，并隐藏文字图层（见图 6.3.16）。

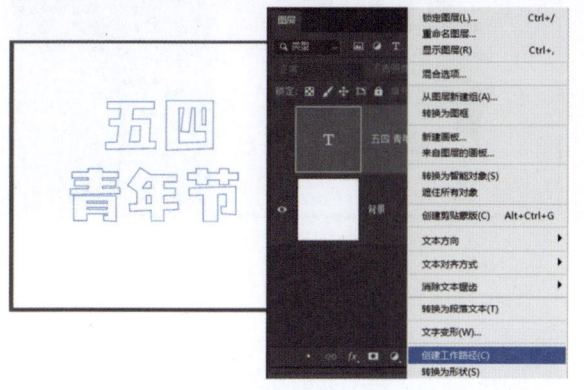

图 6.3.16

② 使用"路径选择工具" ▶，选择"五""四"路径，选择"编辑"→"自由变换路径"菜单命令，右击，在弹出的快捷菜单中分别选择"自由变换路径""透视""变形"命令，对路径进行调整（见图 6.3.17）。

图 6.3.17

③ 使用"路径选择工具" ▶选择"青""年""节"路径，选择"编辑"→"自由变换路径"菜单命令，右击，在弹出的快捷菜单中分别选择"自由变换路径""透视""变形"命令，对路径进行调整（见图 6.3.18）。

④ 使用"直接选择工具" ▶选择"节"字路径，用鼠标框选"节"字下方的两个锚点，向下移动（见图 6.3.19）；选择"青"字路径，用鼠标框选

"青"字右侧的锚点，向左移动（见图 6.3.20）；选择"节"字路径，用鼠标框选"节"字路径左侧的锚点，向右移动（见图 6.3.21）。

图 6.3.18

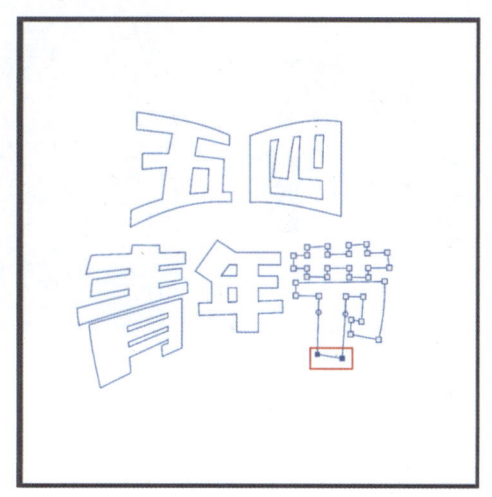

图 6.3.19

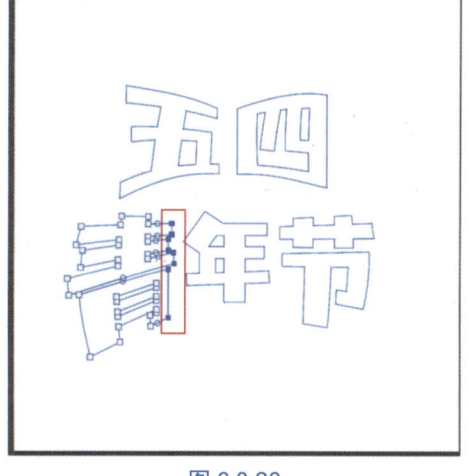

图 6.3.20

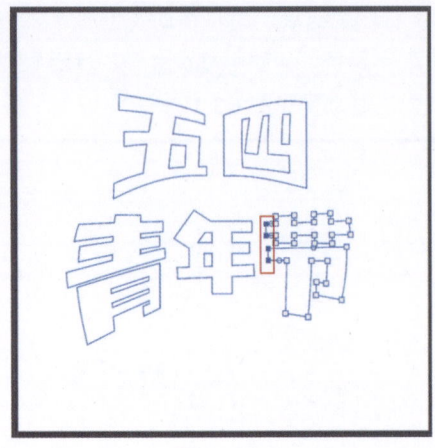

图 6.3.21

05 创建新的图层，使用"路径选择工具"框选调整过后的文字路径，将路径转化为选区，新建"图层 1"并填充黑色（见图 6.3.22）。

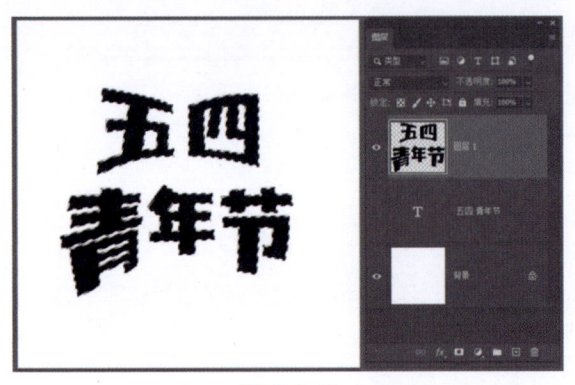

图 6.3.22

3. 输入装饰性文案

01 选择"矩形工具"，设置填充色为黑色，在"年"字下方绘制一个黑色的矩形（见图 6.3.23）。

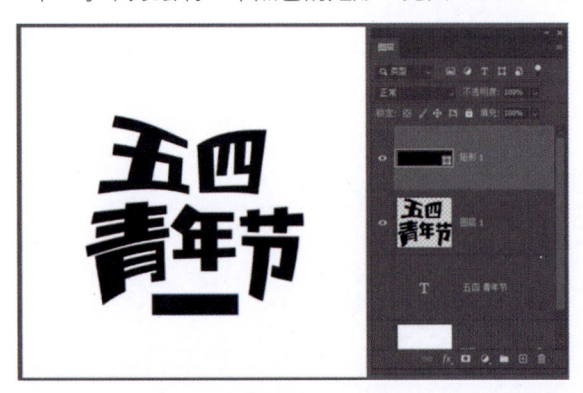

图 6.3.23

02 选择文字工具 T，在文字工具选项栏中选择"优设字由棒棒体"字体，设置字体颜色为白色，输入文字 Youth Day，并将其移动到"矩形 1"图层的上方（见图 6.3.24）。

图 6.3.24

4. 导入装饰性素材，并保存文档

01 导入"素材 6.3.2"，使用"移动工具"将素材移动到合适的位置（见图 6.3.25）。

图 6.3.25

02 选择"文件"→"存储为"菜单命令，或者按下快捷键 Shift+Ctrl+S，将文件命名为"五四青年节"，设置"保存类型"为 PSD 格式，单击"保存"按钮保存文件（见图 6.3.26）。

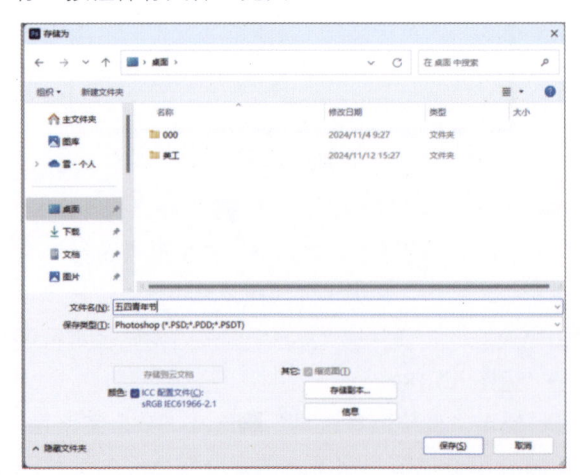

图 6.3.26

第 7 章

任务：图像颜色与色调的调整

7.1 预备知识

Photoshop 是当之无愧的色彩处理大师。选择"图像"→"调整"菜单命令，子菜单中提供了多种工具用于调整图像的色相、亮度、对比度和饱和度等，还可以营造独特的氛围和意境、改善照片的效果，以及为黑白照片上色（见图 7.1.1）。

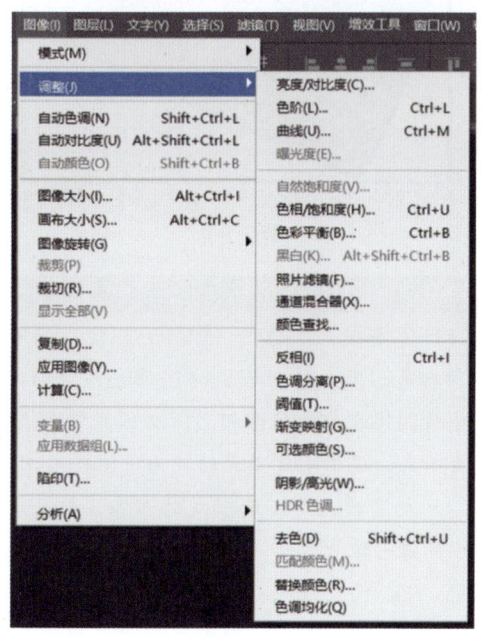

图 7.1.1

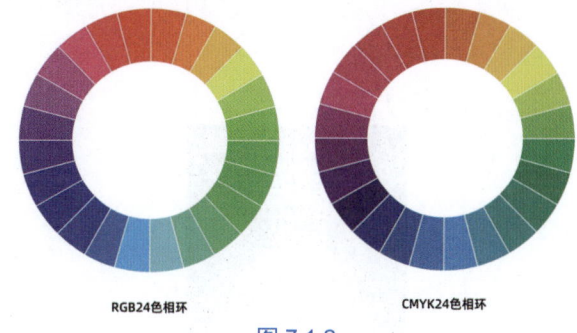

图 7.1.2

7.1.1 色彩的三要素

1. 色相

色相是色彩的首要特征，是区别各种不同色彩最准确的标准，是色彩三要素之一，即色彩相貌（见图 7.1.2）。

2. 饱和度

饱和度，又称色彩纯度或色彩鲜艳度，是指色彩的纯净程度。饱和度取决于该颜色中含色成分和消色成分（灰色）的比例。色彩的饱和度越高，颜色就越鲜艳，给人的感觉越强烈；反之，色彩的饱和度越低，颜色就越暗淡，给人的感觉就越柔和（见图 7.1.3）。

图 7.1.3

3. 明度

明度是眼睛对光源和物体表面明暗程度的感觉，主要是由光线强弱决定的一种视觉经验。一般来说，光线越强，看上去越亮；光线越弱，看上去越暗。明度也指颜色的明暗程度。即使色调相同，其明暗程度也可能不同（见图 7.1.4）。

101

图 7.1.4

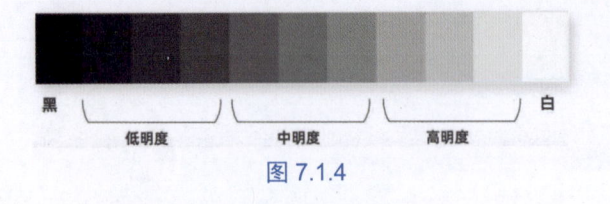

7.1.2 图像常用的颜色模式

1. RGB 颜色模式

RGB 颜色模式是由红、绿、蓝 3 种色光构成的，主要用于显示器屏幕的显示。每一种颜色的光线从 0~255 被分成 256 阶，0 表示最暗，255 表示饱和度最高，由此形成了 RGB 这种色光模式。RGB 模式又被称为加色法，3 种光线的特定状态两两相加，又形成了青色、洋红、黄色（见图 7.1.5）。

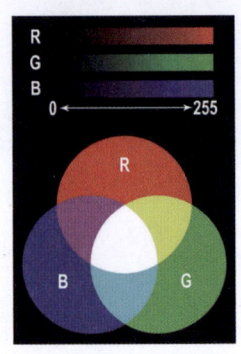

图 7.1.5

2. CMYK 颜色模式

CMYK 颜色模式是由青色、洋红、黄色、黑色 4 种颜色的油墨构成的，主要用于印刷品，因此也被称为色料模式。每种油墨的使用量从 0 到 100%，由 C（青色）、M（洋红）、Y（黄色）3 种油墨混合可以产生更多的颜色，由于 CMY 在印刷中并不能形成纯正的黑色，因此需要单独的黑色油墨 K，由此形成 CMYK 这种色料模式（见图 7.1.6）。

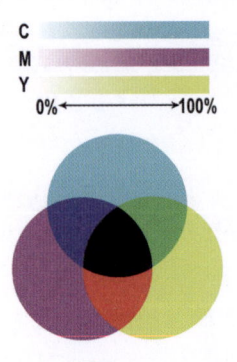

图 7.1.6

3. Lab 模式

Lab 是由 CIE（国际照明委员会）制定的一种色彩模式。自然界中的任何一种颜色都可以在 Lab 空间中表示出来，是色域最广的一种色彩模式。在 Photoshop 中进行颜色模式转换时，会先将其转换为 Lab 模式（见图 7.1.7）。另外，这种模式是以数字化方式来描述人的视觉感应的，与设备无关，因此它弥补了 RGB 和 CMYK 模式必须依赖设备色彩特性的不足。

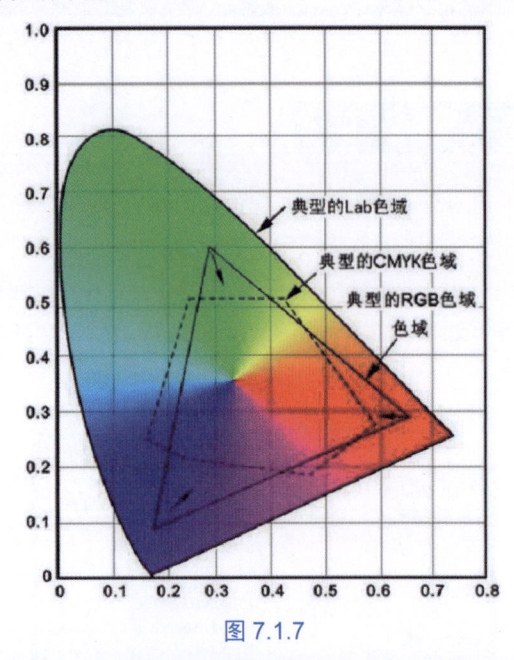

图 7.1.7

> **知识链接**
>
> （1）位图模式：位图（Bitmap）模式只有黑、白两种颜色，因此这种模式的图像也叫黑白图像。如果要将图像转换为位图模式，必须先将图像转换为灰度模式，再由灰度模式转换为位图模式。
>
> （2）灰度模式：灰度模式的图像不包含颜色，图像中的每一像素都有一个 0~255 的亮度值，0 代表黑色，255 代表白色，其他值是黑→灰→白过渡的灰色，例如黑白照片。将彩色图像转换为灰度模式后，所有的颜色信息都将被删除。
>
> （3）索引颜色模式：它采用一个颜色查找表存放索引图像中的颜色，只有 256 种或更少。将图像转换为索引颜色模式时，上百万种颜色将被颜色表中的少量颜色代替。此模式的优点是生成文件较小，可用于多媒体动画和网页制作。

7.1.3 Photoshop 内置的自动调整预设

在 Photoshop 的"图像"菜单中，提供了"自动色调""自动对比度""自动颜色"命令等，可以自动对图像的颜色和色调进行简单的调整，适合初学者使用（见图 7.1.8）。

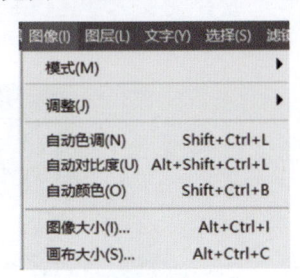

图 7.1.8

知识链接

（1）选择"图像"→"自动色调"菜单命令，即可自动调整图像中的黑白场（见图 7.1.9）。

图 7.1.9

（2）选择"图像"→"自动对比度"菜单命令，即可自动调整图像的对比度（见图 7.1.10）。

图 7.1.10

（3）选择"图像"→"自动颜色"菜单命令，通过搜索图像来标记阴影、中间调和高光，从而调整图像的对比度和颜色，一般用来校正偏色的照片（见图 7.1.11）。

图 7.1.11

7.1.4 图像颜色调整功能的 3 种应用

1. "图像"菜单栏

选择"图像"→"调整"菜单命令，选择子菜单中的相应命令即可完成调整图形的操作（见图 7.1.12）。

图 7.1.12

知识链接

"亮度/对比度"命令简单易用，但没有"色阶""曲线"可控性强，并且可能丢失图像细节，因此对于要求高的作品，最好使用"曲线"命令来调整。

在利用"色彩平衡"命令调整图像的过程中，青色与红色、洋红与绿色、黄色与蓝色互为补色，要减少某个颜色，就增加这种颜色的补色。

在"色彩平衡"设置界面中，包括"阴影""中间调""高光"3 个选项，可以单独改变其中一种的色彩平衡。

执行"亮度/对比度""自然饱和度"等命

103

令之后，如果感觉效果太强烈，可以选择"编辑"→"渐隐"菜单命令，降低效果的不透明度，也可以修改混合模式创造特殊效果（见图7.1.13）。

图 7.1.13

2. 颜色调整图层

单击"图层"面板底部的"创建新的填充或调整图层"按钮，即可创建调整图层（见图7.1.14）。

图 7.1.14

知识链接

创建的调整图层不会对素材造成任何破坏，修改时只需在"图层"面板上双击对应的调整图层缩览图，即可以打开相应的面板，对相关参数进行反复调整。

调整图层将对其下面的所有图层生效，如果只希望调整指定图层，可添加剪贴蒙版；如果只希望调整指定图层的部分区域，可用"画笔工具"对"调整图层"自带的图层蒙版进行涂抹。

3."调整"面板

使用"调整"面板可以完成对图像颜色与色调的调整（见图7.1.15）。

图 7.1.15

7.2 学习实践活动

7.2.1 活动：使用自动色调调整图片

01 打开"素材7.2.1"，选择"图层"→"复制图层"菜单命令，或者按下快捷键 Ctrl+J 复制图层（见图7.2.1）。

图 7.2.1

02 选择"图像"→"自动色调"菜单命令，自动调整图像的颜色（见图7.2.2）。

图 7.2.2

03 选择"文件"→"存储为"菜单命令，或者按下快捷键 Shift+Ctrl+S，将文件命名为"伦敦街景"，设置"保存类型"为 PSD 格式，单击"保存"按钮保存文件。

7.2.2 活动：使用"曲线"工具提升摄影作品质量

01 打开"素材7.2.2"，选择"图层"→"复制图层"菜单命令，或者按下快捷键 Ctrl+J 复制图层，将其命名为"图层1"（见图7.2.3）。

> 第 7 章 任务：图像颜色与色调的调整

7.2.3 活动：使用"色彩平衡"命令校色图片

01 打开"素材 7.2.3"，选择"图层"→"复制图层"菜单命令，或者按下快捷键 Ctrl+J 复制图层，将其命名为"背景 拷贝"（见图 7.2.6）。

图 7.2.3

02 单击"图层"面板底部的"创建新的填充或调整图层"按钮，创建"曲线"调整图层，并创建剪贴蒙版（见图 7.2.4 和图 7.2.5）。

图 7.2.4

图 7.2.6

02 单击"图层"面板底部的"创建新的填充或调整图层"按钮，创建"色彩平衡"调整图层，并创建剪贴蒙版（见图 7.2.7 和图 7.2.8）。

图 7.2.7

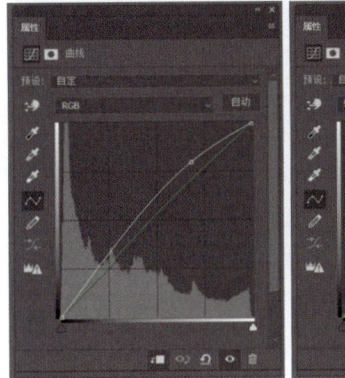

图 7.2.5

03 选择"文件"→"存储为"菜单命令，或者按下快捷键 Shift+Ctrl+S，将文件命名为"调色风景"，设置"保存类型"为 PSD 格式，单击"保存"按钮保存文件。

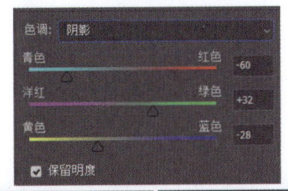

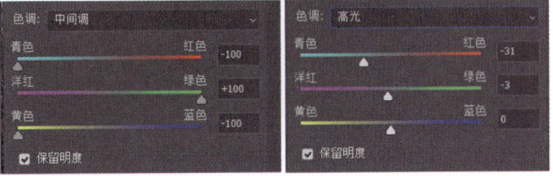

图 7.2.8

03 单击"图层"面板底部的"创建新的填充或调整图层"按钮，创建"曲线"调整图层，并创建剪贴蒙版（见图 7.2.9 和图 7.2.10）。

105

图 7.2.9

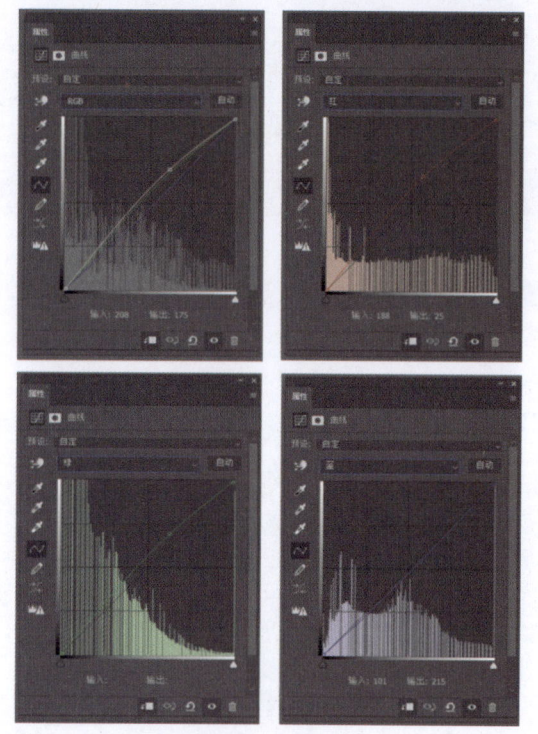

图 7.2.10

04 选择"文件"→"存储为"菜单命令,或者按下快捷键 Shift+Ctrl+S,将文件命名为"调整偏色",设置"保存类型"为 PSD 格式,单击"保存"按钮保存文件。

7.2.4 活动:使用"黑白"命令制作艺术照

01 打开"素材 7.2.4",选择"图层"→"复制图层"菜单命令,或者按下快捷键 Ctrl+J 复制图层,将其命名为"图层 1"(见图 7.2.11)。

02 单击"图层"面板底部的"创建新的填充或调整图层"按钮,创建"黑白"调整图层,并创建剪贴蒙版(见图 7.2.12 和图 7.2.13)。

图 7.2.11

图 7.2.12

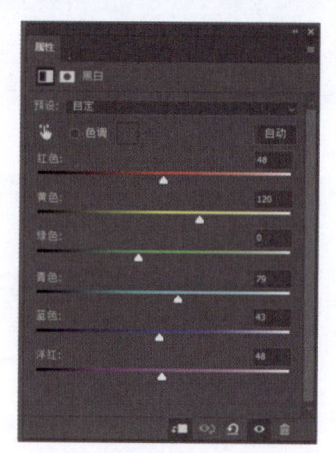

图 7.2.13

03 选择"文件"→"存储为"菜单命令,或者按下快捷键 Shift+Ctrl+S,将文件命名为"艺术小狗",设置"保存类型"为 PSD 格式,单击"保存"按钮保存文件。

7.2.5 活动:使用"阴影/高光"调整逆光照片

01 打开"素材 7.2.5",选择"图层"→"复制图层"菜单命令,或者按下快捷键 Ctrl+J 复制图层,将其命名为"图层 1"(见图 7.2.14)。

图 7.2.14

02 选择"图像"→"阴影/高光"菜单命令，弹出"阴影/高光"对话框（见图 7.2.15）。

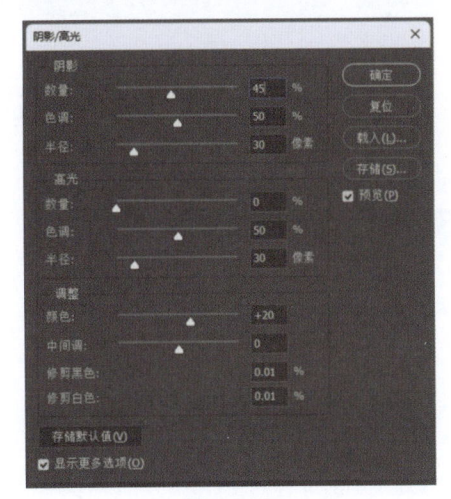

图 7.2.15

03 单击"图层"面板底部的"创建新的填充或调整图层"按钮，创建"曲线"调整图层，并创建剪贴蒙版（见图 7.2.16 和图 7.2.17）。

图 7.2.16

04 选择"文件"→"存储为"菜单命令，或者按下快捷键 Shift+Ctrl+S，将文件命名为"逆光修复"，设置"保存类型"为 PSD 格式，单击"保存"按钮保存文件。

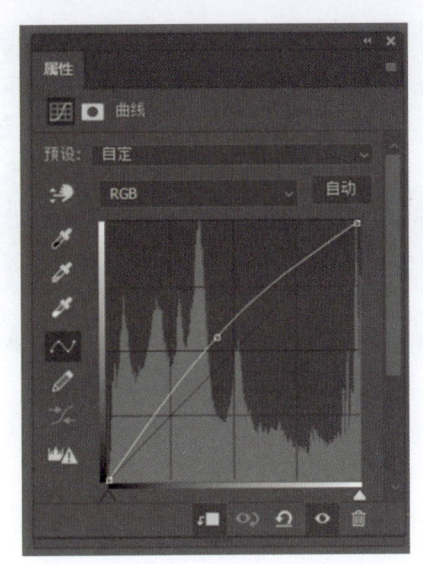

图 7.2.17

7.2.6 活动：使用"照片滤镜"命令校正偏色

01 打开"素材 7.2.6"，选择"图层"→"复制图层"菜单命令，或者按下快捷键 Ctrl+J 复制图层，将其命名为"图层 1"（见图 7.2.18）。

图 7.2.18

02 选择"图像"→"调整"→"照片滤镜"菜单命令，弹出"照片滤镜"对话框（见图 7.2.19）。

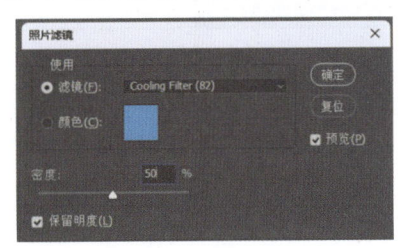

图 7.2.19

03 选择"图像"→"自动对比度"菜单命令（见图 7.2.20）。

107

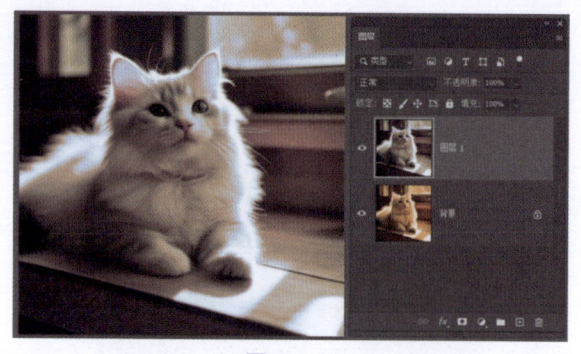

图 7.2.20

④ 选择"文件"→"存储为"菜单命令,或者按下快捷键 Shift+Ctrl+S,将文件命名为"偏光小猫",设置"保存类型"为 PSD 格式,单击"保存"按钮保存文件。

7.2.7 活动:使用"HDR 色调"优化风光摄影作品

① 打开"素材 7.2.7",选择"图像"→"调整"→"HDR 色调"菜单命令(见图 7.2.21)。

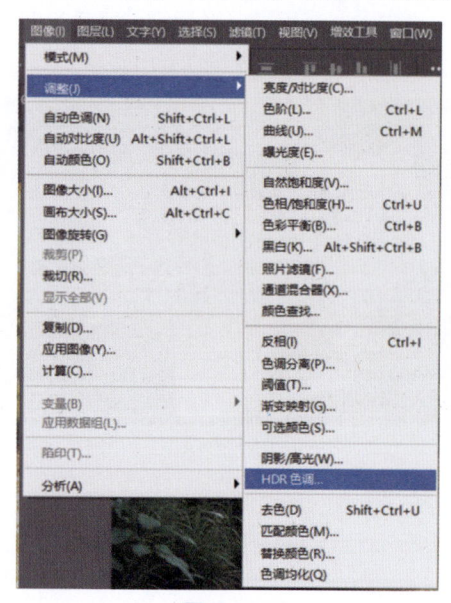

图 7.2.21

② 弹出"HDR 色调"对话框,设置如图 7.2.22 所示。

③ 选择"文件"→"存储为"菜单命令,或者按下快捷键 Shift+Ctrl+S,将文件命名为"色调调整",设置"保存类型"为 PSD 格式,单击"保存"按钮保存文件。

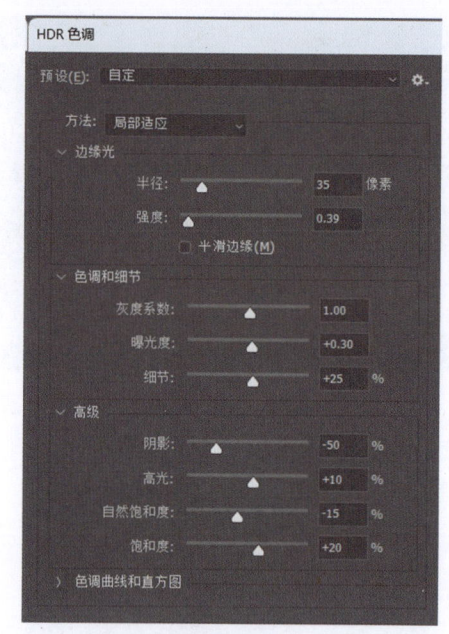

图 7.2.22

7.3 设计师岗位实战演习

7.3.1 运用调整图层,制作化妆品海报

1. 新建空白文档,导入素材制作背景图

① 选择"文件"→"新建"菜单命令,或者按下快捷键 Ctrl+N 新建空白文档,"宽度"为"1490 像素","高度"为"993 像素","分辨率"为"150 像素/英寸"(见图 7.3.1)。

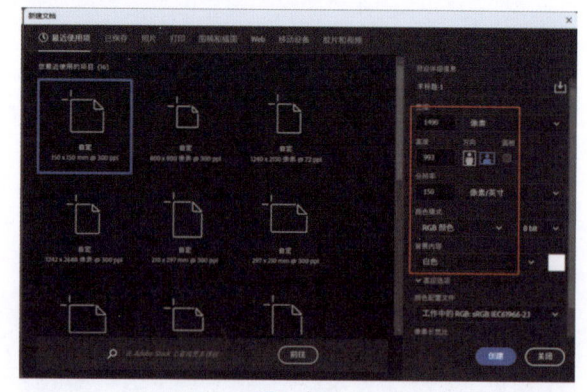

图 7.3.1

② 导入"素材 7.3.1-1",生成"图层 1"(见图 7.3.2)。

图 7.3.2

2. 创建色调调整图层，对人物进行色调调整

01 创建"色相/饱和度"调整图层，对人物头发的颜色进行调整，设置"色相"为 0、"饱和度"为 21、"明度"为 7（见图 7.3.3），单击图层自带的蒙版，运用白色画笔工具涂抹人像头发区域，并创建剪贴蒙版（见图 7.3.4）。

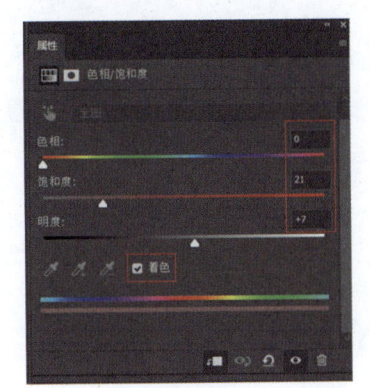

图 7.3.3

图 7.3.4

02 创建"曲线"调整图层，将人物的整体肤色提亮（见图 7.3.5）。单击图层自带的蒙版，运用黑色画笔工具遮盖人像头发区域，并创建剪贴蒙版（见图 7.3.6）。

03 创建"色阶"调整图层，将人物身体部分的肤色再次提亮（见图 7.3.7）。单击图层自带的蒙版，运用黑色画笔工具遮盖人像头部区域，并创建剪贴蒙版（见图 7.3.8）。

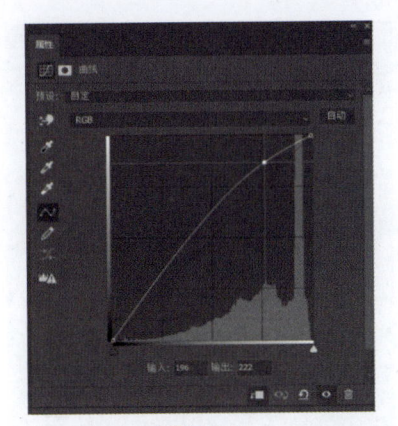

> 第 7 章 任务：图像颜色与色调的调整

图 7.3.5

图 7.3.6

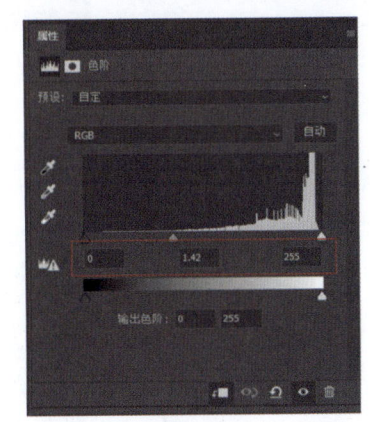

图 7.3.7

图 7.3.8

04 创建"色相/饱和度"调整图层，对人物的唇色进行调整（见图 7.3.9），单击图层自带的蒙版，运用黑色画笔工具遮盖人像头部区域，并创建剪贴蒙版（见图 7.3.10）。

图 7.3.9

图 7.3.10

3. 导入素材，添加外发光图层样式

① 导入"素材 7.3.1-2"中的 4 个图层，将其中的图像放置在画布左下角的位置（见图 7.3.11）。

图 7.3.11

② 选择"花卉 1""产品""花卉 2""花卉 3" 4 个图层，右击，选择"创建组"命令，或者按下快捷键 Ctrl+G 创建图层组（见图 7.3.12）。

③ 选择"组 1"，添加"外发光"图层样式（见图 7.3.13）。

4. 输入文本，保存文档

① 选择文字工具，在文字工具选项栏中设置字体为"黑体"、字号为 49、字体颜色为紫色（R=131,G=2, B=84），输入文字"『春日焕活 娇嫩肌肤』"（见图 7.3.14）。

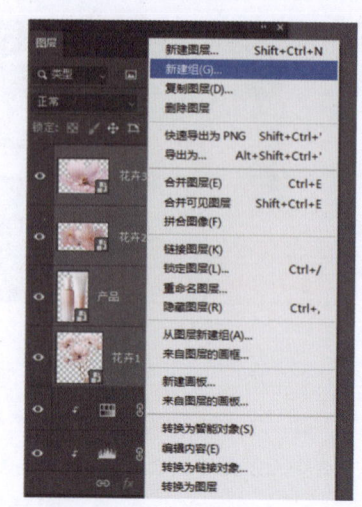

图 7.3.12

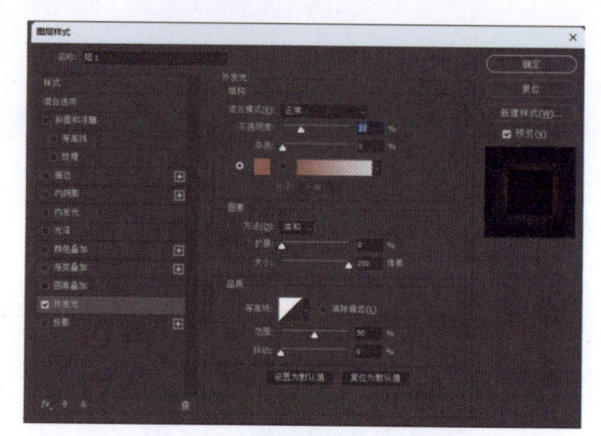

图 7.3.13

图 7.3.14

② 选择文字工具，在文字工具选项栏中设置字体为"黑体"、字号为 27、字体颜色为紫色（R=78,G=2, B=50），输入"星品礼遇 美丽加倍"（见图 7.3.15）。

> 第 7 章　任务：图像颜色与色调的调整

图 7.3.15

❸ 选择"文件"→"存储为"菜单命令，或者按下快捷键 Shift+Ctrl+S，将文件命名为"化妆品海报"，设置"保存类型"为 PSD 格式，单击"保存"按钮保存文件（见图 7.3.16）。

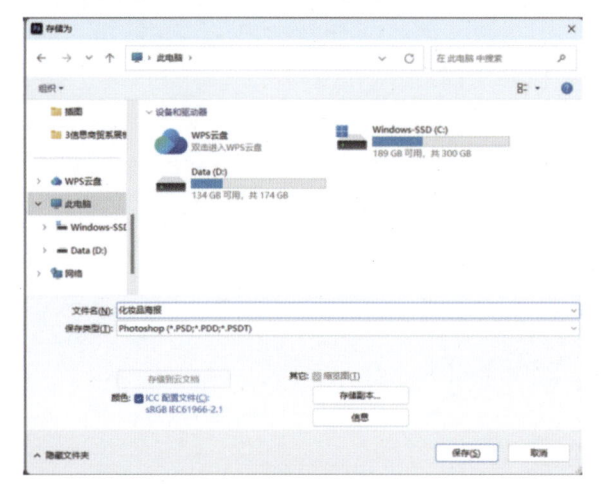

图 7.3.16

7.3.2　运用色调调整，将暖色调更改为清冷色调

1. 导入素材，更改素材的颜色模式

❶ 选择"图像"→"模式"→"CMYK 模式"菜单命令（见图 7.3.17）。

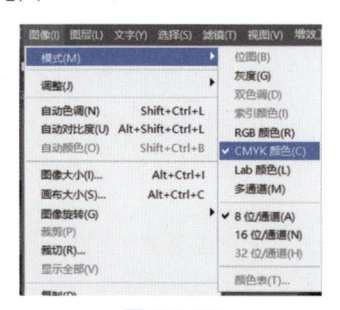

图 7.3.17

❷ 导入"素材 7.3.2"，按下快捷键 Ctrl+J 复制图层，生成新的"图层 1"，并将"图层 1"转化为智能对象（见图 7.3.18）。

图 7.3.18

2. 图像色调调整

❶ 创建"曲线"调整图层，调整黑色、青色、洋红、黄色和 CMYK 通道数据（分别见图 7.3.19、图 7.3.20 和图 7.3.21），并创建剪贴蒙版。

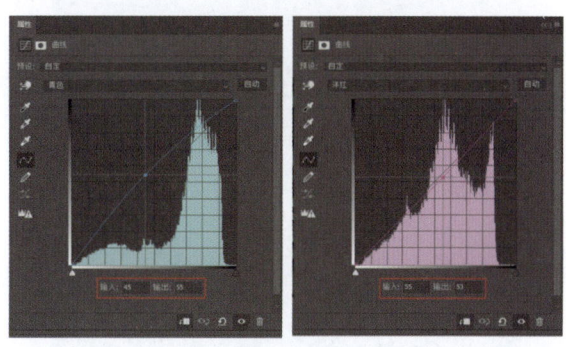

图 7.3.19

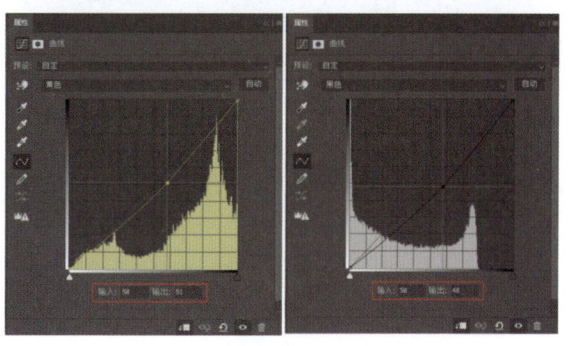

图 7.3.20

111

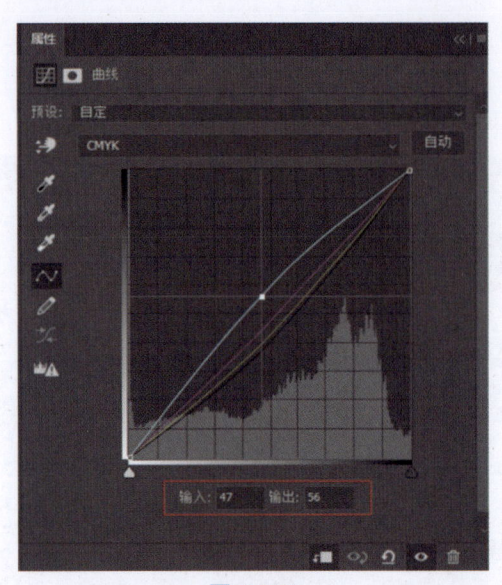

图 7.3.21

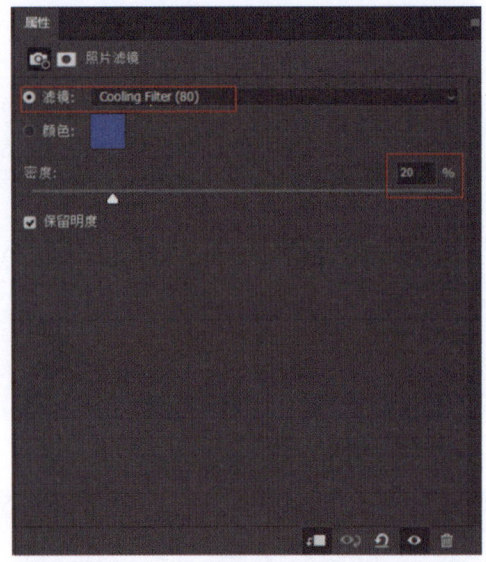

02 创建"照片滤镜"调整图层，选择 Coolinf Filter (80)（冷却滤镜），设置"密度"为20%，并创建剪贴蒙版（见图 7.3.22）。

图 7.3.22

图 7.3.23

3. 保存文档

选择"文件"→"存储为"菜单命令，或者按下快捷键 Shift+Ctrl+S，将文件命名为"冷色调调色"，设置"保存类型"为 PSD 格式，单击"保存"按钮保存文件（见图 7.3.24）。

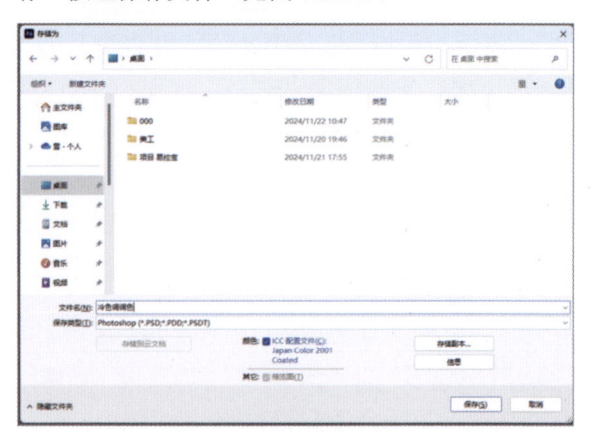

图 7.3.24

第 8 章

任务：滤镜

8.1 预备知识

滤镜在 Photoshop 中具有非常神奇的作用。大部分滤镜都被分类放置在菜单中，选择"滤镜"菜单中的相应命令即可（见图 8.1.1）。

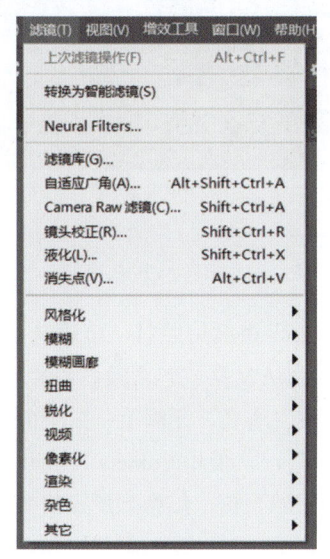

图 8.1.1

8.1.1 认识滤镜

滤镜也称为"滤波器"，在处理图像时，遵循一定的程序算法，对图像中像素的颜色、亮度、饱和度、对比度、色调、分布、排列等属性进行计算和变换处理，从而实现图像的各种特殊效果。Photoshop 中各种滤镜的功能和应用各不相同，但在使用方法上却有许多相似之处。

（1）Photoshop 默认对整个图像应用滤镜效果。如果定义了选区，将只作用于选区；如果当前选中的是某一图层或某一通道，则只作用于该图层或该通道（见图 8.1.2）。

图 8.1.2

（2）滤镜只作用于当前可见图层，并且可以反复、连续使用。

（3）最近一次使用的滤镜将出现在"滤镜"菜单顶部，直接按下快捷键 Ctrl+F 即可直接使用（见图 8.1.3）；按下快捷键 Alt+Ctrl+F 可打开最近一次的滤镜对话框，重新设置参数。

图 8.1.3

113

(4) 在弹出的滤镜对话框中，按下 Alt 键，则"取消"按钮变成"复位"按钮，单击该按钮可将调整的各参数复位；直接单击"取消"按钮可取消本次操作；按 Esc 键也可以取消操作（见图 8.1.4）。

图 8.1.4

知识链接

（1）除"消失点"等少量滤镜不能作为智能滤镜使用之外，绝大多数滤镜可作为智能滤镜使用。

（2）只有"云彩"滤镜可以作用于没有像素的区域，其他滤镜对于没有像素的透明区域无效。

（3）在为文字图层应用滤镜时，必须先将文本图层格式化，转换为普通图层，或者转换为智能对象。

（4）在 RGB 颜色模式下，所有滤镜都可以使用；在 CMYK 颜色模式下，部分滤镜可以使用；在索引与位图颜色模式下都不能使用滤镜。

8.1.2 认识智能滤镜

在使用滤镜处理图像时，会改变像素的位置、颜色等信息，原图像将被破坏。而智能滤镜是一种非破坏性滤镜，它保留图像的原始数据，只是以一种"图层效果"的形式保存在"图层"面板中，用户可以随时修改参数、添加蒙版、隐藏和删除滤镜（见图 8.1.5）。

图 8.1.5

知识链接

选择普通图层，选择"滤镜"→"转换为智能滤镜"菜单命令，即可将此图层转换为智能对象，进而添加智能滤镜。在智能对象上直接添加的滤镜，也是智能滤镜。

8.1.3 了解滤镜库

滤镜库是一个整合了多种滤镜的对话框，它可以同时给图像应用多种滤镜或给图像多次应用同一滤镜，减少了应用滤镜的次数，节省操作时间。选择"滤镜"→"滤镜库"菜单命令，即可打开"滤镜库"对话框（见图 8.1.6）。

图 8.1.6

8.1.4 认识 Camera Raw 滤镜

在使用数码相机拍照时，可以选择生成 RAW 格式的文件。RAW 格式包含数码照片的原始数据，包括 ISO、快门速度、光圈值、白平衡等信息，也称作"数字底片"。使用 Camera Raw 可以重新修改这些照片的原始数据，以得到所需的效果，即对白平衡、色调范围、对比度、颜色饱和度及锐化等进行调整。双击 RAW 格式的文件，即可打开 Camera Raw 对话框（见图 8.1.7）。

图 8.1.7

在 Camera Raw 对话框中，最右侧是一排工具（见图 8.1.8）。

图 8.1.8

● 编辑：使用该工具可以调整图像的亮度、颜色、曲线等。

● 几何：使用该工具可以轻松地调整图像的视角。

● 移除：使用该工具在图像中涂抹，可以移除图像中的污点、电线等干扰和不和谐的因素。

● 蒙版：运用各种工具编辑图像的任何部分以定义要编辑的区域，使用该工具可以快速进行复杂的选择。

● 红眼：该工具与"红眼工具"用法相似。选择此工具在红眼上拖出调整框，缩放调整范围，准确框选红眼部分，在面板中设置"瞳孔大小"，拖动"变暗"滑块可以改变红眼的亮度。

● 预设：该工具是可以进行自定义的，选择不同的效果进行自定义修改，可以感受不同的图像效果。

● 缩放工具：使用该工具可以调整图像的显示范围大小。

● 抓手工具：使用该工具可以调整图像的显示内容及位置。

知识链接

对于普通的 JPEG 或者 TIFF 格式的照片，可以使用"滤镜"菜单中的 Camera Raw 命令，在 Camera Raw 对话框中进行调整。

8.1.5 认识 AI 神经滤镜 Neural Filters 中的其他功能

Neural 可译为"神经"，因此 Neural Filters 又称为"神经滤镜组"，可以说是 Potoshop 最为神奇的滤镜插件之一。该滤镜组中包含多种滤镜，使用

由 Adobe Sensei 提供支持的机器学习功能，可大幅减少难以实现的工作流程，只需单击几下即可在几秒钟内尝试非破坏性、有生成力的滤镜并探索更多的创意。要使用 Neural Filters 滤镜，选择"滤镜"→ Neural Filters 菜单命令即可（见图 8.1.9 和图 8.1.10）。

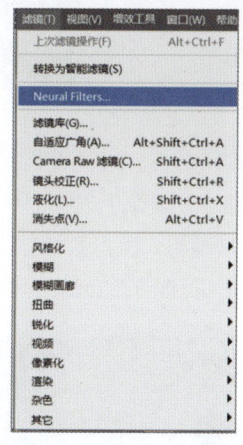

图 8.1.9

图 8.1.10

知识链接

（1）Neural Filters 通过生成新的相关像素来帮助改进图像，这些像素实际上不存在于原始图像之中。

（2）在使用时，旁边显示云图标的滤镜表示需要从云端下载才能使用。

8.2 学习实践活动

8.2.1 活动：使用"液化"滤镜调整人物的身材和脸形

01 打开"素材 8.2.1"，选择"图层"→"复制图层"菜单命令，或者按下快捷键 Ctrl+J 复制图层，并将复制的图层转换为智能对象（见图 8.2.1）。

AI+Photoshop 智能图像处理

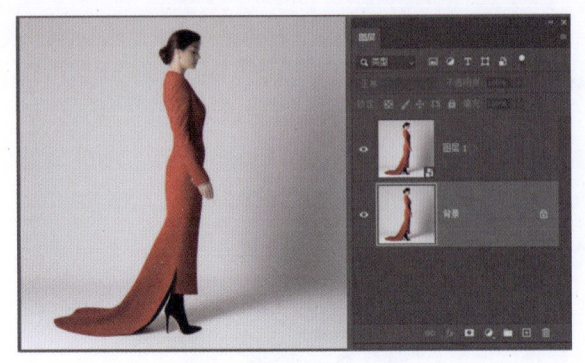

图 8.2.1

02 选择"滤镜"→"液化"菜单命令,单击"向前变形工具" ,对图像中人物的身材(腰身、后背以及胳膊)和侧脸(下颌线)进行调整,使得人物整体更加纤细(见图 8.2.2)。

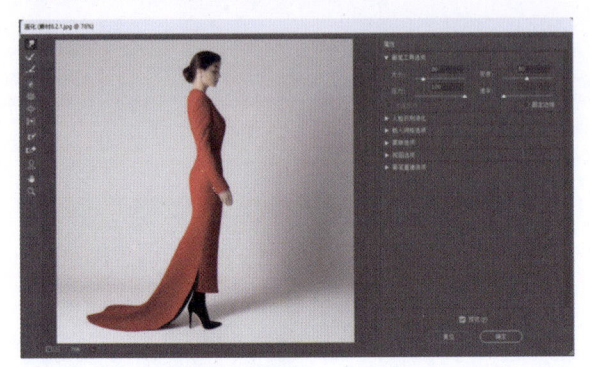

图 8.2.2

03 选择"滤镜"→"液化"菜单命令,单击"膨胀工具" ,对图像中人物的发髻和后脑勺部分进行调整,使得该部分更加圆润(见图 8.2.3)。

图 8.2.3

04 选择"文件"→"存储为"菜单命令,或者按下快捷键 Shift+Ctrl+S,将文件命名为"人物修图",设置"保存类型"为 PSD 格式,单击"保存"按钮保存文件。

8.2.2 活动:使用"风格化"滤镜制作拼贴效果

01 打开"素材 8.2.2-1",选择"图层"→"复制图层"菜单命令,或者按下快捷键 Ctrl+J 复制图层,并将复制的图层转换为智能对象(见图 8.2.4)。

图 8.2.4

02 选择"滤镜"→"风格化"→"拼贴"菜单命令,在弹出的对话框中设置"拼贴数"为 20、"最大位移"为 10%、"填充空白区域"为背景色(白色)(见图 8.2.5)。

图 8.2.5

03 单击"智能滤镜"自带的图层蒙版,运用画笔工具涂抹画面中心部分,即可实现背景为拼贴效果而中心部分清晰的图片效果(见图 8.2.6)。

图 8.2.6

04 选择"矩形工具",在工具选项栏中选择"形状"模式,绘制一个填充色为粉色(R=248,G=201,B=224)的矩形,并降低图层的"不透明度"为85%(见图8.2.7)。

图 8.2.7

05 导入"素材8.2.2-2",移动素材至矩形的中间位置(见图8.2.8)。

图 8.2.8

06 选择"文件"→"存储为"菜单命令,或者按下快捷键 Shift+Ctrl+S,将文件命名为"拼贴画",设置"保存类型"为 PSD 格式,单击"保存"按钮保存文件。

8.2.3 活动:使用"模糊"滤镜制作疾驰的汽车效果

01 打开"素材8.2.3",选择"图层"→"复制图层"菜单命令,或者按下快捷键 Ctrl+J 复制图层,并将复制的图层转换为智能对象(见图8.2.9)。

02 选择"滤镜"→"模糊"→"径向模糊"菜单命令,在弹出的对话框中设置"数量"为30、"模糊方法"为"缩放"、"品质"为"好",并将右侧"中心模糊"的中心点平移到上方的中心位置(见图8.2.10)。

图 8.2.9

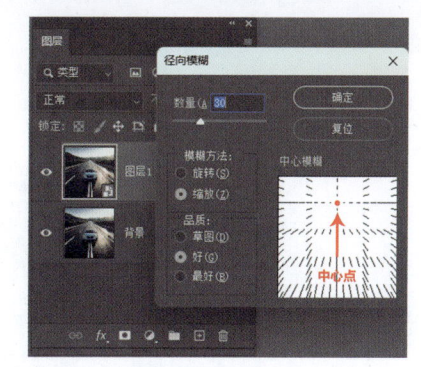

图 8.2.10

03 单击"智能滤镜"自带的图层蒙版,运用画笔工具涂抹画面中的汽车部分(见图8.2.11)。

图 8.2.11

04 选择"文件"→"存储为"菜单命令,或者按下快捷键 Shift+Ctrl+S,将文件命名为"疾驰汽车",设置"保存类型"为 PSD 格式,单击"保存"按钮保存文件。

8.2.4 活动:使用"渲染"和"模糊"滤镜制作水波纹效果

01 选择"文件"→"新建"菜单命令,或者按下快捷键 Ctrl+N 键,新建一个 800×800 像素、"分辨率"为"72像素/英寸"、"颜色模式"为 RGB 的空白文档(见图8.2.12)。

图 8.2.12

02 选择"图层"→"复制图层"菜单命令，或者按下快捷键 Ctrl+J 复制图层，并将复制的图层转换为智能对象（见图 8.2.13）。

图 8.2.13

03 按 D 键恢复默认的前景色和背景色，选择"滤镜"→"渲染"→"分层云彩"菜单命令（见图 8.2.14）。

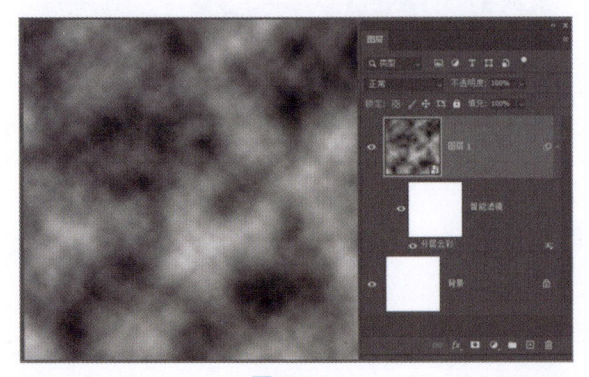

图 8.2.14

04 选择"滤镜"→"模糊"→"高斯模糊"菜单命令，设置"半径"为"5 像素"（见图 8.2.15）。

05 选择"滤镜"→"模糊"→"径向模糊"菜单命令，设置"模糊方法"为"旋转"、"数量"为 65（见图 8.2.16）。

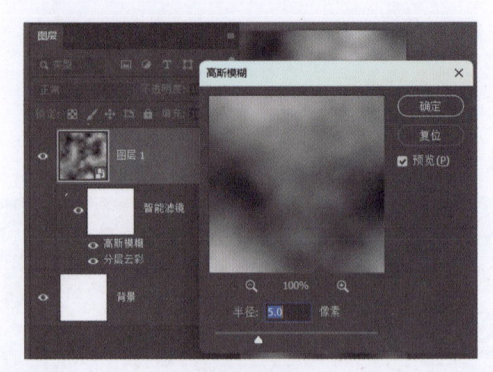

图 8.2.15

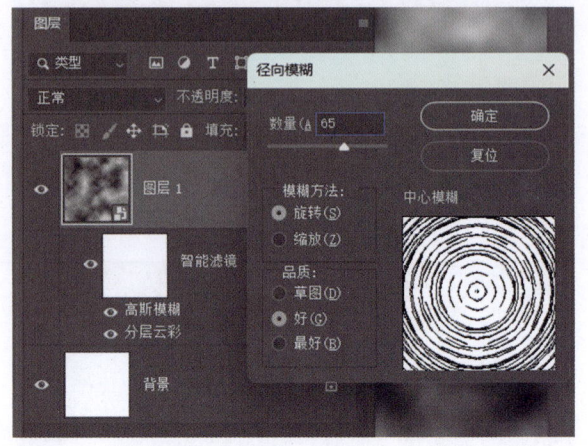

图 8.2.16

06 选择"滤镜"→"滤镜库"菜单命令，选择"素描"下的"基底凸显"选项，单击"确定"按钮（见图 8.2.17）。

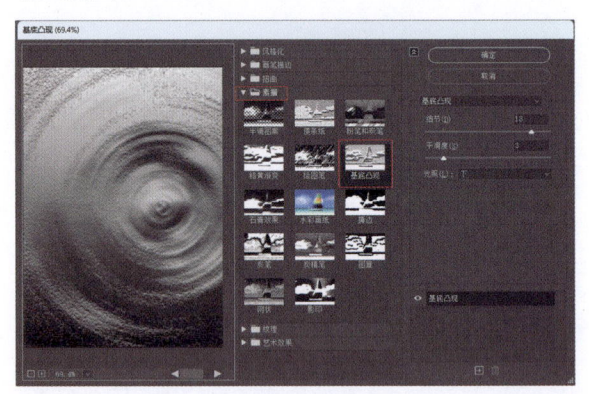

图 8.2.17

07 选择"滤镜"→"滤镜库"菜单命令，选择"素描"下的"铬黄渐变"选项，单击"确定"按钮（见图 8.2.18）。

08 在"图层"面板中，单击"创建新的填充或调整图层"按钮，选择"色相/饱和度"选项（见图 8.2.19），并创建剪贴蒙版（见图 8.2.20）。

> 第 8 章 任务：滤镜

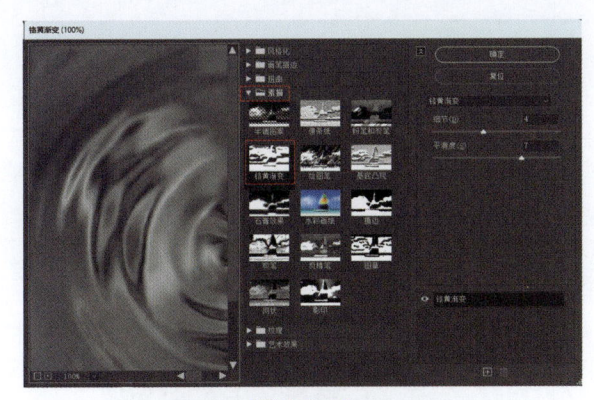

图 8.2.18

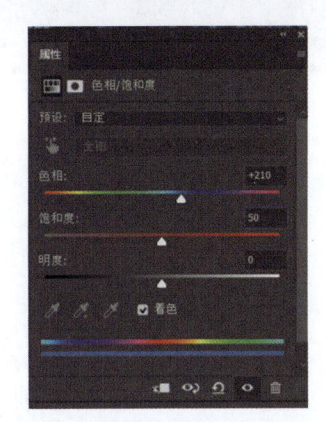

图 8.2.19

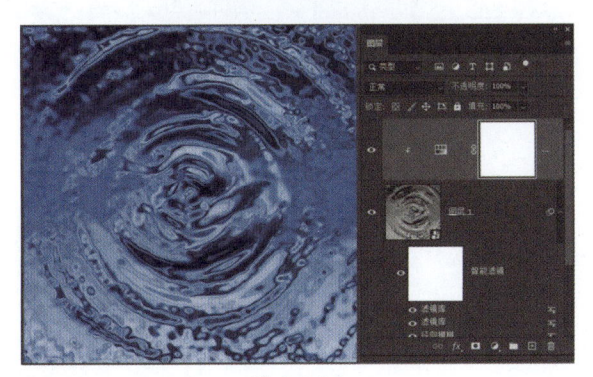

图 8.2.20

⑨ 选择"文件"→"存储为"菜单命令，或者按下快捷键 Shift+Ctrl+S，将文件命名为"水波纹"，设置"保存类型"为 PSD 格式，单击"保存"按钮保存文件。

8.2.5 活动：使用"锐化"滤镜提高画面清晰度

① 打开"素材 8.2.5"，选择"图层"→"复制图层"菜单命令，或者按下快捷键 Ctrl+J 复制图层，并将复制的图层转换为智能对象（见图 8.2.21）。

图 8.2.21

② 选择"滤镜"→"锐化"→"智能锐化"菜单命令，在弹出的对话框中设置"数量"为 400%、"半径"为 2.5 像素、"减少杂色"为 50%（见图 8.2.22）。

图 8.2.22

③ 选择"文件"→"存储为"菜单命令，或者按下快捷键 Shift+Ctrl+S，将文件命名为"锐化效果"，设置"保存类型"为 PSD 格式，单击"保存"按钮保存文件。

8.3 设计师岗位实战演习

8.3.1 制作冲浪宣传海报

1. 新建空白文档，制作海浪的背景色块

① 选择"文件"→"新建"菜单命令，或者按下快捷键 Ctrl+N，新建一个"宽度"为"800 像素"、"高度"为"800 像素"、"分辨率"为"300 像素/英寸"的空白文档，将其命名为"海浪"（见图 8.3.1）。

② 设置前景色为蓝色（R=0, G=180, B=255），填充背景图层（见图 8.3.2）。

119

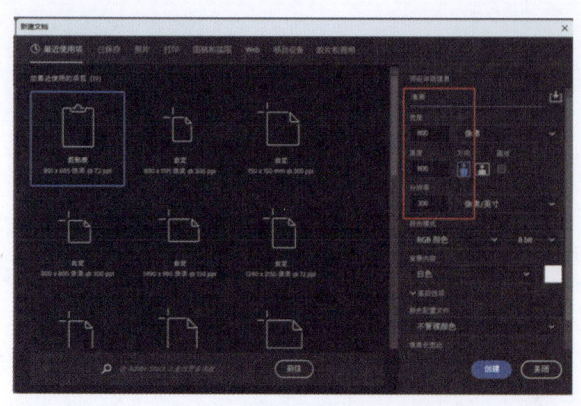

图 8.3.1

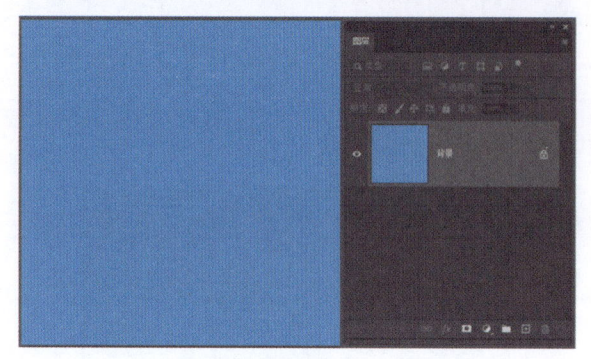

图 8.3.2

③ 设置前景色为蓝色（R=0, G=180, B=255），设置背景色为白色（R=255, G=255, B=255），选择"滤镜"→"渲染"→"云彩"菜单命令（见图 8.3.3）。

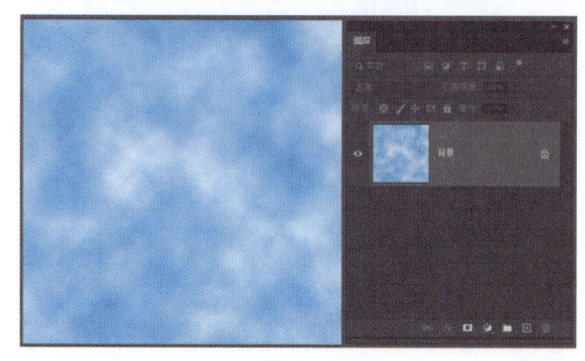

图 8.3.3

④ 按快捷键 Ctrl+Shift+N 新建图层，单击"矩形选框工具"，在图像下 2/3 处绘制一个矩形框；选择"渐变填充工具"，双击工具选项栏中的渐变条，打开"渐变编辑器"对话框，双击左侧的色标，设置颜色为蓝色，双击右侧的色标，设置颜色为白色（见图 8.3.4）。

⑤ 在渐变工具选项栏中选择"线性渐变"，按住 Shift 键从选区的上方垂直向下拖曳填充选区（见图 8.3.5）。

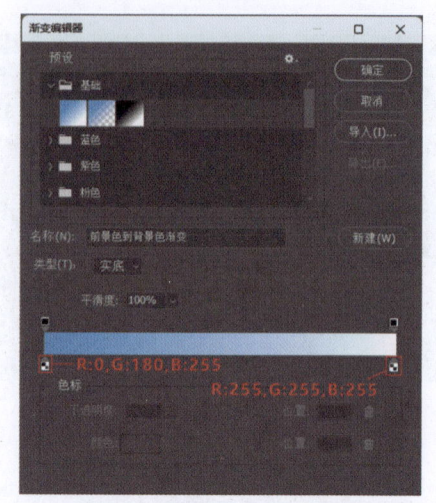

图 8.3.4

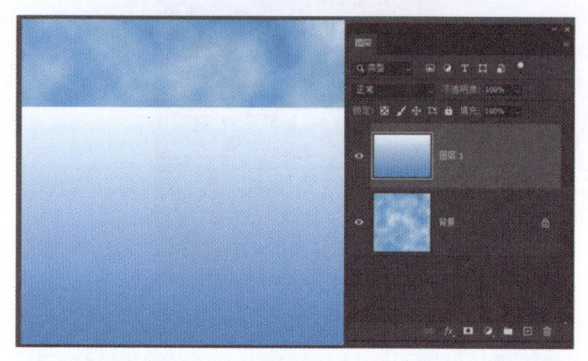

图 8.3.5

2. 制作海浪效果

① 选择"图层 1"，右击，选择快捷菜单中的"转换为智能对象"命令（见图 8.3.6）。

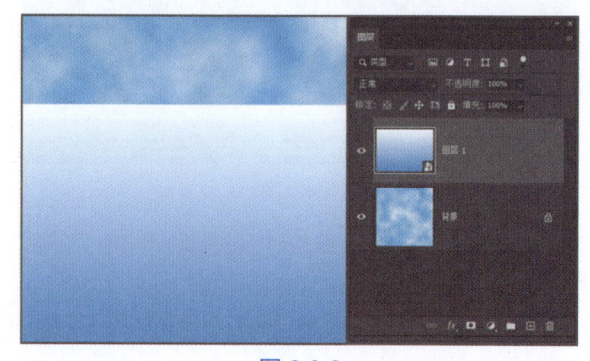

图 8.3.6

② 选择"滤镜"→"扭曲"→"波纹"菜单命令，设置"数量"为 999、"大小"为"大"（见图 8.3.7）。

③ 再次选择"滤镜"→"扭曲"→"波纹"菜单命令，设置"数量"为 999、"大小"为"中"（见图 8.3.8）。

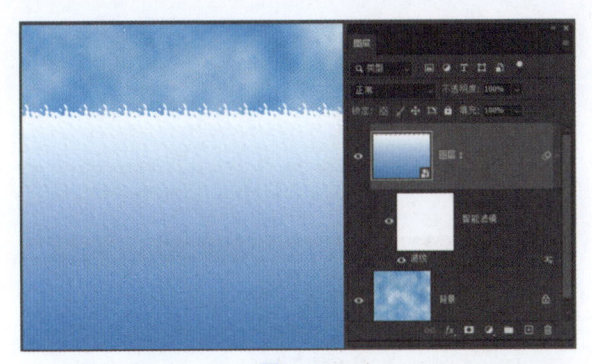

图 8.3.7

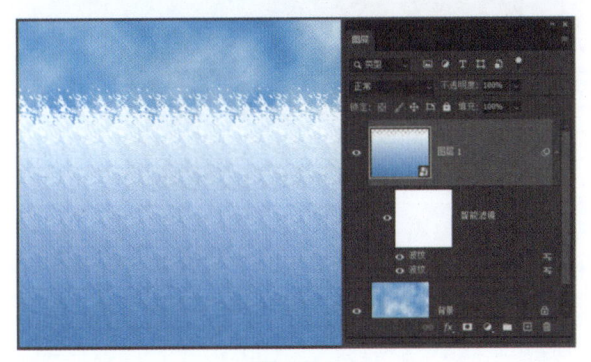

图 8.3.8

04 选择"滤镜"→"扭曲"→"旋转扭曲"菜单命令，设置"角度"为 300（见图 8.3.9）。

图 8.3.9

3. 新建海报空白文档，并制作背景图

01 选择"文件"→"新建"菜单命令，或者按下快捷键 Ctrl+N，新建一个"宽度"为"800 像素"、"高度"为"1191 像素"、"分辨率"为"300 像素/英寸"的空白文档（见图 8.3.10）。

02 设置前景色为蓝色（R=0, G=180, B=255），设置背景色为白色（R=255, G=255, B=255），使用前景色填充背景图层，选择"滤镜"→"渲染"→"云彩"菜单命令（见图 8.3.11）。

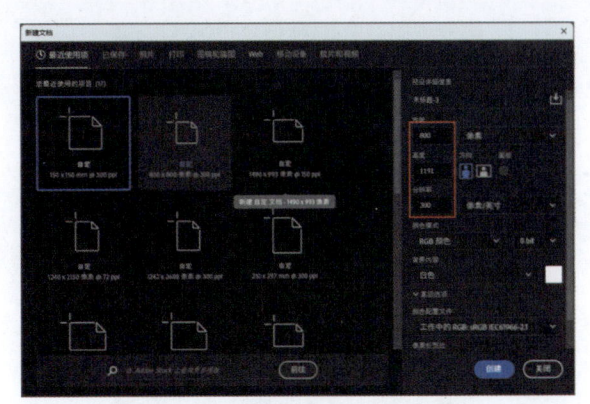

图 8.3.10

图 8.3.11

03 导入"海浪"素材，按快捷菜 Ctrl+J 复制"海浪"素材，并进行垂直翻转（见图 8.3.12）。

图 8.3.12

4. 导入素材，添加图层样式

01 导入"素材 8.3.1-1"，单击"女孩"图层，添加"投影"图层样式（见图 8.3.13），右击，选择"拷贝图层样式"命令。

5. 输入文字，保存文档

01 选择文字工具，在文字工具选项栏中设置字体为"优设字由棒棒体"、字体颜色为白色，设置文本居右对齐，输入文字"加油，追梦人2024.06.15"（见图8.3.16）。

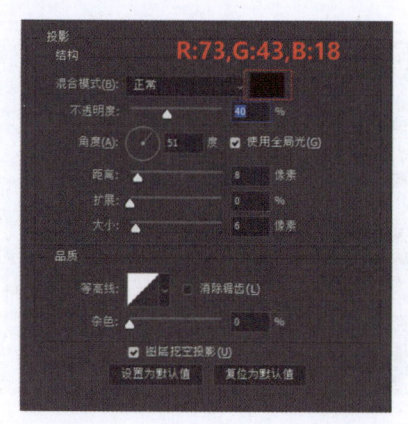

图 8.3.13

02 选择"男孩"图层，右击，选择"粘贴图层样式"命令（见图8.3.14）。

图 8.3.16

02 选择"文件"→"存储为"菜单命令，或者按下快捷键 **Shift+Ctrl+S**，将文件命名为"国风饮品海报"，设置"保存类型"为 PSD 格式，单击"保存"按钮保存文件（见图8.3.17）。

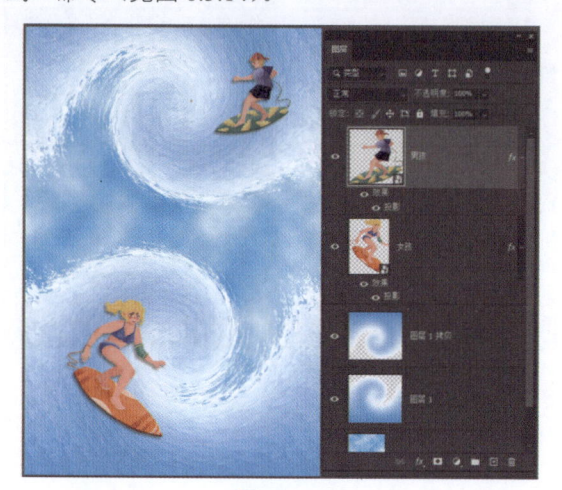

图 8.3.14

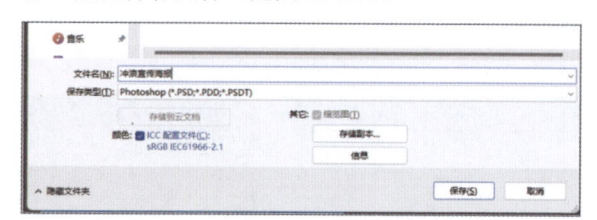

图 8.3.17

03 选择"文字"图层，为其添加"描边"图层样式，设置"描边大小"为"8像素"、"位置"为"外部"（见图8.3.15）。

8.3.2 将风景画转换为水彩画效果

1. 导入素材

01 导入"素材7.3.2"，按下快捷键 **Ctrl+J** 复制背景图层，并命名为"图层1"（见图8.3.18）。

图 8.3.18

02 选择"图层1"，右击，选择快捷菜单中的"转化智能对象"命令。

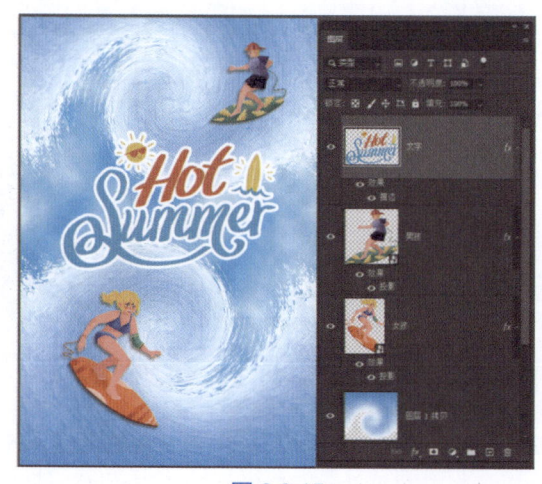

图 8.3.15

2. 通过滤镜调整色调及进行样式转换

01 选择"滤镜"→"Camera Raw 滤镜"菜单命令，对图片进行色调的调整（见图 8.3.19）。

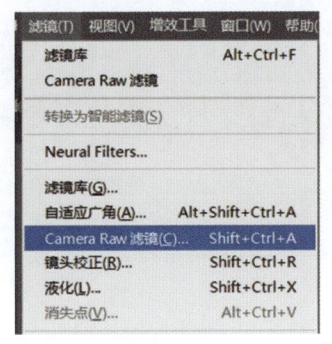

图 8.3.19

02 在弹出的 Camera Raw 对话框中设置"亮""颜色""效果""曲线"等参数（见图 8.3.20、图 8.3.21 和图 8.3.22）。

图 8.3.20

图 8.3.21

图 8.3.22

03 选择"滤镜"→"滤镜库"菜单命令，在弹出的对话框中选择"艺术效果"中的"木刻"选项，设置"色阶数"为 7、"边缘简化度"为 1、"边缘逼真度"为 1（见图 8.3.23）。

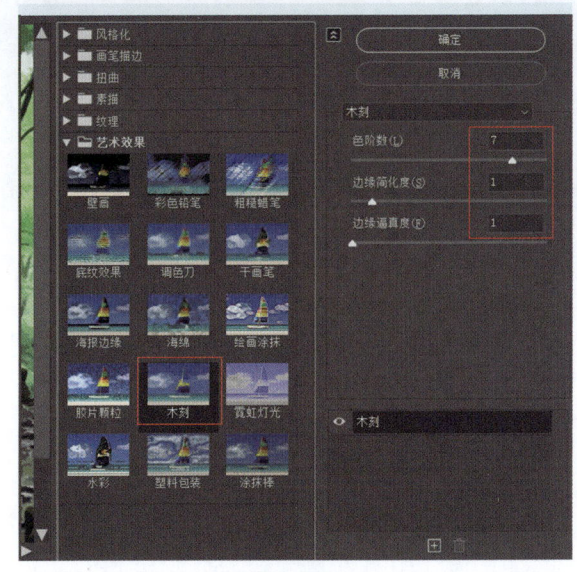

图 8.3.23

3. 保存文档

选择"文件"→"存储为"菜单命令，或者按下快捷键 Shift+Ctrl+S，将文件命名为"水粉画"，设置"保存类型"为 PSD 格式，单击"保存"按钮保存文件（见图 8.3.24）。

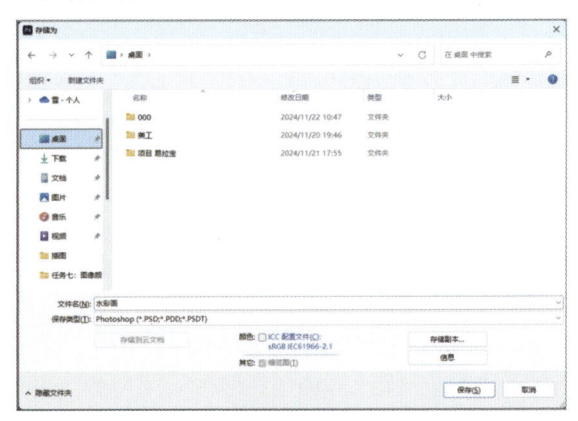

图 8.3.24

第 9 章

任务：Photoshop 结合 Stable Diffusion 的应用

9.1 预备知识

9.1.1 Stable Diffusion 简介

Stable Diffusion 是一种基于深度学习的图像生成模型，以下简称 SD。其主要功能就是根据文本描述生成高质量图像，为用户提供了极大的创作自由度。作为目前市场上主流的 AI 绘画工具，其功能强大，易于使用，自 2022 年正式发布以来，受到广大艺术家、设计师、电商从业者、品牌方的一致好评。

原版的 SD 是由 CompVis、Stability AI 和 LAION 等组织或研究人员直接发布和维护的原始模型及代码，安装与使用需要用户具备一定的编程和操作命令行能力，对新手用户可能不太友好。SD 开源社区一位 ID 为 Automaatic1111 的越南用户通过再次开发整合，实现了在浏览器中运行 SD，即 WebUI，使操作变得更加直观、简易。

为适应国内用户需求，国内开发团队进行了二次开发、整合和优化，形成国内整合包，例如"秋叶整合包"，将 WebUI 界面、配置环境及插件打包成"绘世启动器"，增加了中文支持优化、本地化界面、预训练模型库等，使非专业用户也能轻松上手使用，再次降低了使用门槛。

为方便初级用户快速上手使用 AI 画图功能，本章以"秋叶整合包"（下载方法见本书前言）的安装与使用为例进行讲解。

9.1.2 SD 的配置与安装部署

1. 关于配置

运行 SD 需要较大的空间，对显卡、显存、内存的要求也在不断提高。

推荐配置：显卡 3060Ti；显存（VRAM）8GB 及以上；内存（RAM）16GB 及以上。

最低配置：显卡 1660Ti；显存（VRAM）6GB 及以上；内存（RAM）8GB 及以上。

2. 关于安装部署

下载"秋叶整合包"相关文件（下载方法见本书前言），运行启动器运行依赖文件，将 WebUI aki 文件夹放在硬盘空间充足且没有中文的路径下，双击 WebUI——"绘世启动器"图标，进入绘世启动器界面（见图 9.1.1）。单击界面右下角的"一键启动"按钮，稍作等待，即可进入 WebUI 界面（见图 9.1.2）。此时，已将 SD 安装部署到本地电脑中了。

图 9.1.1

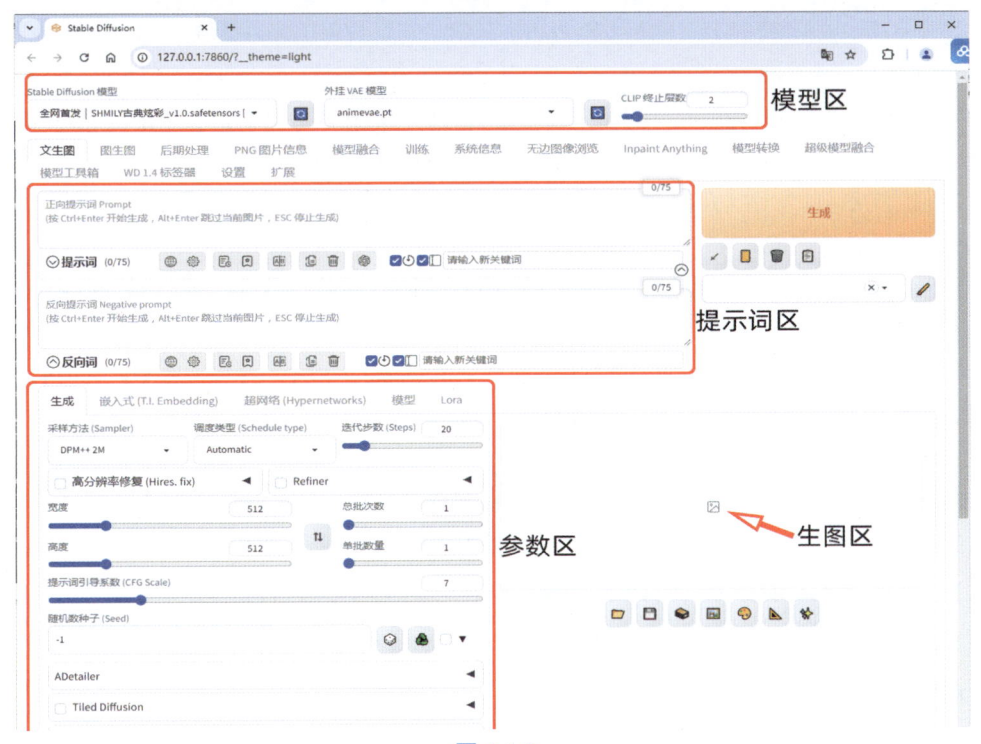

图 9.1.2

9.1.3 认识模型区

1. SD 模型

选择使用不同的 SD 模型，即使输入完全相同的提示词，也会产生不同的效果。例如，有些模型专注于生成艺术感强的插画，而有些模型则专注于生成逼真的照片效果（见图 9.1.3 和图 9.1.4）。

图 9.1.3　　　　　　　　　　　　　　　图 9.1.4

　　通俗来讲，不同的模型就像不同的艺术工具，每种都有其独特的效果和用途。通过选择合适的模型，用户可以更好地实现个性化的创意。

　　部署好的 SD 中已有少量的模型，更多模型可以根据创作需求自行下载。例如 DreamShaper 的 majic 麦橘系列（生图质量高，类型广泛）、二次元大模型 PrimeMix、广泛应用于建筑领域的 Archite cture Realmix。

2. 外挂 VAE 模型

　　VAE（Variational Autoencoder）是一种生成模型，它通过学习输入数据的潜在表示来重构输入数据。在 SD 中，VAE 扮演着将输入数据映射到潜在空间，并从潜在空间重构出图像的角色。

　　SD 已经内置了默认的 VAE。用户往往需要下载某些经过改进或特定优化的"外挂 VAE 模型"，进一步提升生成图像的质量，特别是细节处理，如眼睛、面部特征等。

　　注意：不同的 VAE 模型可能适用于不同的 SD 版本或模型，因此在下载选择时需要注意兼容性。

3. CLIP 终止层数

　　CLIP（Contrastive LanguageImage Pretraining）是一个由 OpenAI 开发的多模态模型，它能够理解并将自然语言映射到图像特征空间中。在 SD 中，CLIP 用于将用户的文本提示转换为数值表示，并指导图像生成过程，使得生成的图像与文本描述一致。

　　当 CLIP 终止层数较低时，文本提示被数字化的程度较高，生成的图像更接近用户的提示词描述；当 CLIP 终止层数较高时，文本提示被数字化的程度较低，生成的图像可能与用户的提示词描述有一定的差异。

　　一般来说，默认值 2 已经能够提供良好的结果。但用户可以根据需要调整这个值，以找到最适合自己需求的设置。

9.1.4　了解提示词与反向词

　　SD 是一种基于深度学习的文本到图像的生成大模型。它使用扩散模型来逐渐生成与输入提示词相匹配的图像。因此，提示词的质量和准确性对于生成高质量的图像至关重要。

　　注意：在 SD 中建议使用英文提示词，避免使用中文提示词，以免识别错误。

　　● 提示词：指输入给 AI 绘画系统的一系列关键词、短语或句子，用于描述用户希望 AI 生成的艺术作品的风格、内容、色彩等要素，引导 AI 生成符合预期的艺术作品。例如输入"1girl,white dress"，将生成一个穿白裙子的女孩图片。

　　● 反向词：指不希望在画面中出现的内容。例如"lowres,bad anatomy,bad hand……"（低分辨率，解剖结构错误，手部绘制不佳等），可以降低类似问题发生的概率。SD 中预设的"基础起手式"包含一些基本的反向词。
- 用法：在 SD 中使用英文输入提示词或者反向词。单词、短语和句子之间要用英文半角逗号","隔开。例如"1boy,beach,sunlight"。

9.1.5 编写提示词的基本原则

- 明确性：提示词应该清晰、具体，避免模糊和含糊不清的描述。例如，使用"一只红色的苹果"，而不是"一个水果"。
- 简洁性：尽量保持提示词的简洁性，避免过长的句子和复杂的结构。简洁的提示词更容易被模型理解和处理，也更方便设置权重。
- 创意性：发挥你的创造力，尝试使用不同的词汇和表达方式来描述你想要生成的图像。创意性的提示词往往能带来意想不到的效果。
- 上下文相关性：确保提示词与想要生成的图像内容相关。不相关的提示词可能导致生成的图像与期望不符。

9.1.6 提示词编写技巧

- 尝试：不要害怕尝试新的词汇和组合。
- 迭代：根据生成的图像不断调整提示词。
- 使用形容词：形容词可以为图像增添深度和细节。
- 创意可视化：发散思维想象想要创建的场景，并在提示词中描述出来。

9.1.7 了解参数区

- 采样方法（Sampler）：不同的采样方法将影响图像的生成速度和质量，本书案例大多使用 DPM++ 2M。
- 迭代步数（Steps）：设置生成图像所需的迭代次数，迭代步数越多，图像细节可能越丰富，但生成时间也会相应增加。一般在 20～30 即可。迭代步数过多有可能导致图片失真。
- 分辨率/宽度/高度：设置生成图像的宽度和高度，数值应是 8 的倍数。默认为 512×512 像素，512×768 较常用。
- 提示词引导系数（CFG Scale）：此参数影响模型对提示词的敏感度，此值越低，AI 自由发挥的空间越大；此值越高，生成的图像越接近提示词的描述。通俗来讲，该值决定了提示词的约束程度。
- 随机数种子（Seed）：固定随机数种子，可以生成完全相同的图像。固定随机数种子，改变提示词如"大笑"，可以生成风格相似但细节略有不同的图像（见图 9.1.5），确保图像生成的可重复性和可预测性，以满足创作需求。

原图　　　　　固定随机数种子　　　　　改变提示词"大笑"

图 9.1.5

● 变异随机种子：默认为变异随机种子，这样生成的图像比较随机。用户也可以手动输入数字改变种子值。

在提示词不变的情况下，固定种子值，然后调整变异强度，例如分别调整为 0.3 和 0.9，将产生图 9.1.6 所示的情况。

原图　　变异强度0.3　　变异强度0.9

图 9.1.6

9.2　学习实践活动

9.2.1　活动：体验编写提示词

❶ 单击"绘世启动器"右下角的"一键启动"按钮，即可在浏览器中打开 SD 的 WebUI 界面（见图 9.2.1）。为了使印刷效果更加清晰，此界面显示模式已改为"浅色"，并且因版本不同或者其他原因界面会有略微差异。

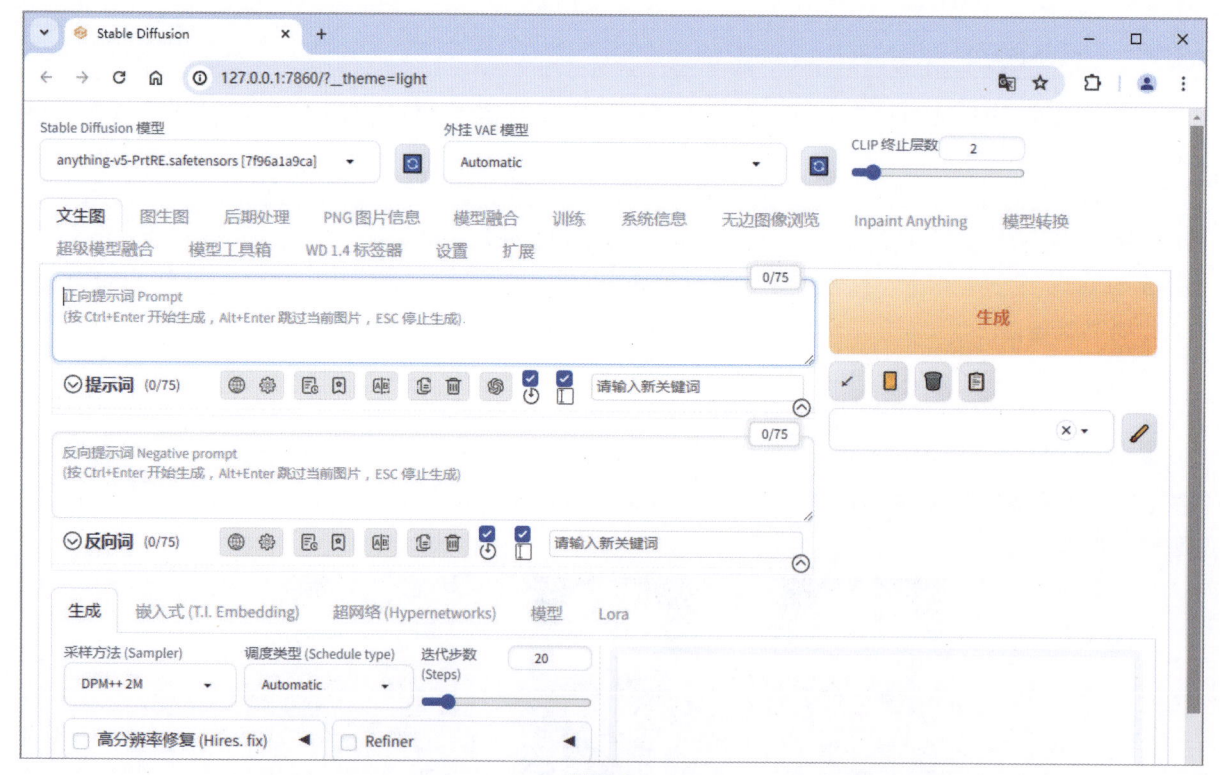

图 9.2.1

❷ 在提示词文本框中输入"1boy,beach,sunlight"，在输入过程中，会出现单词提示框（见图 9.2.2）。

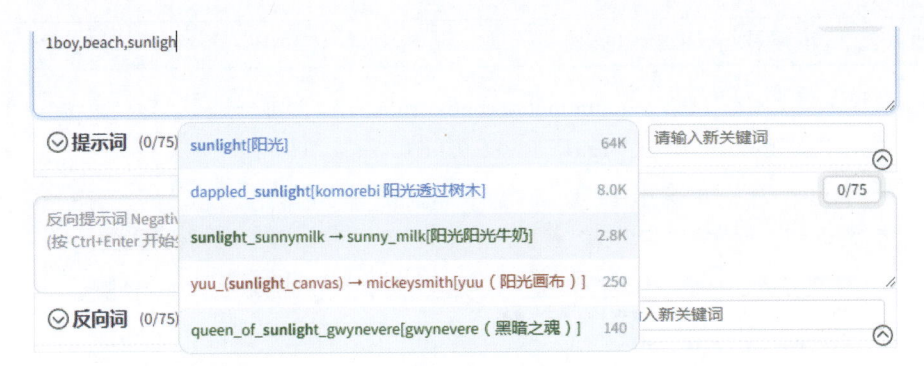

图 9.2.2

03 如果不知道英文怎样写，可以在右侧的文本框中直接输入中文，例如"椰子树"，在下方的提示框内会出现对应的英文"coconut_tree"等内容（见图 9.2.3），按下 Enter 键确定输入此单词。

图 9.2.3

> 知识链接

提示词文本框右上角的"7/75"指当前已经输入包括逗号在内 7 个 Token，而不是 7 个提示词，目前 SD 最多支持输入 75 个 Token。

若提示词中的 Token 数量过多，可能会导致模型解析困难、生成图像质量下降或无法生成图像。

Token 是模型解析输入文本时的基本单位。一个单词、标点符号、复合词等都可能被解读为一个或多个 Token。

因此，尽量使用简洁、具体的词汇，避免使用冗长的句子。比如，可将其分成多个段落输入，但要注意逻辑关系。

04 单击"生成"按钮（见图 9.2.4），或者按下快捷键 Ctrl+Enter，或者在"生成"按钮上右击，选择"无限生成"命令，即可生成图像（见图 9.2.5）。多次生成后会发现，画面中都会包含男孩、阳光、椰子树元素。若图像质量欠佳，则说明还需要更多的提示词与优化操作。

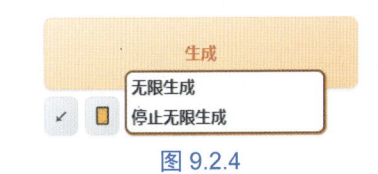

图 9.2.4

图 9.2.5

9.2.2 活动：编写正反提示词

① 在 SD 界面的提示词文本框中输入"ultra highres,photorealistic"（超高分辨率，写实风格）。单击右侧的 ⊙ 按钮，在展开的提示词分组标签中单击"1girl"（见图9.2.6）。

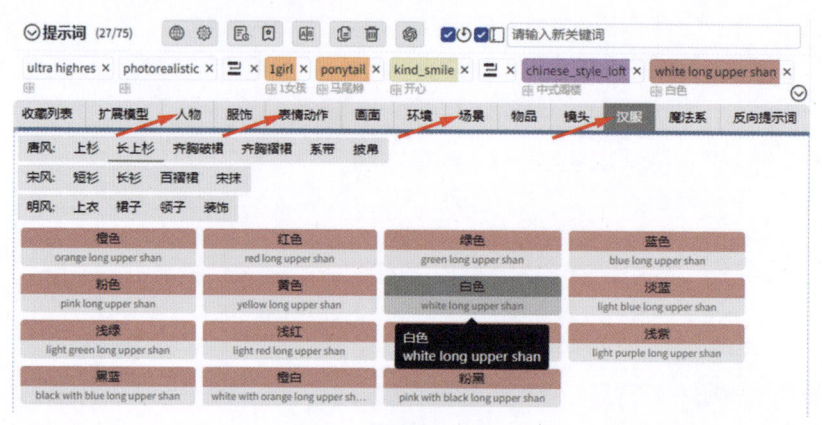

图 9.2.6

② 依次单击①"人物"→"头发"→"马尾辫（ponytail）"；②"表情动作"→"开心（kind_smile）"；③"场景"→"中式阁楼（chinese_style_loft）"；④"汉服"→"长上衫"→"白色（white long upper shan）"。

③ 单击右侧"生成"按钮下方的小三角按钮，选择"基础起手式"，单击上面的 按钮，将基础起手式中的"反向词"的预设样式添加到反向词文本框中（见图9.2.7）。

④ 检查提示词文本框中的内容，具体如下："ultra highres,photorealistic,1girl,ponytail,kind_smile,chinese_style_loft,white long upper shan"。

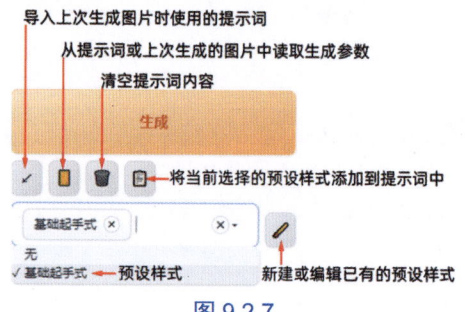

图 9.2.7

检查反向词文本框中的内容，具体如下："lowres,bad anatomy,bad hands,text,error,missing fingers,extra digit,fewer digits,cropped,worst quality,low quality,normal quality,jpeg artifacts,signature,watermark,username,blurry"（见图9.2.8）。

⑤ 将下方的"迭代步数（Steps）"设置为 20；将"宽度"和"高度"都设置为"512 像素"。单击"生成"按钮，生成图像（见图9.2.9）。

图 9.2.8 图 9.2.9

知识链接

基础起手式是一组预设的提示词，包括提示词和反向词两部分，用来优化图像的画质、细节和整体美观度，为后续更具体的图像描述打下良好的基础，新手可以直接调用。

提示词的顺序很重要，合理的顺序可以更好地生成符合预期的图像，一般是先主体，后细节。建议编写顺序为：画质画风＋主体描述＋环境构图。
- 画质：画质提示词用于描述生成图像的清晰度和分辨率，例如 ultra highres（超高分辨率）、best quality（最佳质量）、masterpiece（杰作）等。
- 画风：用于描述生成图像的艺术风格，例如 manga style（漫画风格）、classic（古典）、Pablo Ruiz Picasso（毕加索）、photorealistic（照片真实感）等。
- 主体：用于描述人物、动物、建筑等。例如 Young woman, gentle face, long flowing hair, light blue and white dress（年轻女性，柔和的面部，长发披肩，淡蓝和白色长裙）。
- 环境或场景：用于描述主体所处的环境或背景，例如 Artistic studio, walls filled with watercolor paintings, sunlight shining（艺术工作室，满墙水彩画，阳光洒落）。
- 构图：镜头角度、距离、人物比例等，例如 from_above,panorama,mid_shot,bust（从上方，全景，中景，半身像）。
- 色彩、氛围等细节，包括光源的色彩、强度、情绪等。例如 contrast between light and shadow, delicate texture, rich color layers, Dreamy and mysterious（明暗对比，细腻纹理，丰富的色彩层次，梦幻神秘）。
- 次要元素：图像中的装饰物、小道具等。例如 Dried flowers, art books enhance storytelling（干花，艺术书籍增强故事性）。

9.2.3 活动：设置提示词的权重

知识链接

（1）权重：在 Stable Diffusion 中，每个提示词默认具有相同的权重（通常为1），通过特定的语法或符号可以调整权重。

（2）权重较高的提示词在图像生成过程中具有更大的影响力，权重较低的提示词则影响较小。

（3）权重不可过高，否则将导致图像过拟合，也就是产生变形。

1. 使用冒号自定义权重

01 在提示词文本框中输入"grass:1.5, clouds:0.5"，表示"grass"的权重为 1.5，"clouds"的权重为 0.5，意味着"grass"在生成的图像中的影响力更大。单击"生成"按钮，在生成的图像中，"grass"占比更大（见图 9.2.10）。

02 在提示词文本框中将数字互换，输入"grass:0.5, clouds:1.5"，则图像中草和云的比例将会改变（见图 9.2.11）。

图 9.2.10 　　　　图 9.2.11

> **知识链接**

将鼠标指针停留在提示词上，例如"grass"中间的任意位置，每按快捷键Ctrl+↑一次，权重将增加0.1。同理，每按快捷键Ctrl+↓一次，权重将减少0.1。

2. 在权重值默认为1的情况下，使用不同的括号可以提升或降低权重

① 在提示词文本框中输入"grass,{flowing river}"，表示"flowing river"的权重为1.05（见图9.2.12）。
② 在提示词文本框中输入"grass,(flowing river)"，表示"flowing river"的权重为1.1（见图9.2.13）。
③ 在提示词文本框中输入"grass,[flowing river]"，表示"flowing river"的权重为0.9（见图9.2.14）。

图9.2.12 　　　　　　　　　图9.2.13 　　　　　　　　　图9.2.14

3. 叠加括号提升或降低权重（注意：括号最多可以叠加三层）

① 在提示词文本框中输入"((flowing river))"，加一层圆括号表示将"(flowing river)"的权重值1.1再乘以1.1，进一步提升（见图9.2.15）。
② 在提示词文本框中输入"[[flowing river]]"，加一层方括号表示将"[flowing river]"降低的权重值0.9再乘以0.9，进一步降低（见图9.2.16）。

图9.2.15 　　　　　　　　　图9.2.16

4. 通过输入小数或者整数，设置迭代步数，进而改变权重

① 在提示词文本框中输入"ice:seawater"，表示在生成的图像中，冰和海水占比大致相同（见图9.2.17）。
② 在提示词文本框中输入"[ice:seawater:0.1]"，其中的"0.1"表示10%的迭代步数先画冰，后90%的步数画海水，生成的图像将以海水为主，冰较少（见图9.2.18）。
③ 在提示词文本框中输入"[ice:seawater:12]"，其中的整数"12"表示前12步先画冰，后面的步数画海水，生成的图像将以冰为主（见图9.2.19）。

> 第 9 章　任务：Photoshop 结合 Stable Diffusion 的应用

图 9.2.17

图 9.2.18

图 9.2.19

知识链接

（1）如果提示词文本框右上角计数栏中的"X/75"呈红色，说明输入有误，较常见的错误是括号不完整。

（2）提示词并不是越多越好，研究表明，将提示词控制在 75 个以内的出图效果最精准。

9.2.4　活动：利用"AND"或者"|"融合内容

1. 利用"AND"融合

① 在提示词文本框中输入"a cat,girl"，可能同时出现猫和女孩（见图 9.2.20）。

② 在提示词中加入"AND"，即输入"a cat AND girl"，可能生成猫和女孩的融合图像（见图 9.2.21）。

③ 输入"a cat_girl"，也会出现同样的融合效果，并且默认写在前面的提示词权重较高。

图 9.2.20

图 9.2.21

2. 利用"|"融合

① 在提示词文本框中输入"city,desert"，生图效果不够融合（见图 9.2.22）。

② 将提示词改为"city | desert"生图，可以发现加上"|"将使城市和沙漠融合（见图 9.2.23）。

133

图 9.2.22 　　　　　　　　　　　　　　　图 9.2.23

9.2.5　活动：利用"BREAK"间隔内容

如果一段提示词中出现多个对同一特性的描写，例如多种颜色，就有可能出现提示词互相侵扰的情况。

01 在提示词文本框中输入"1boy,Yellow top,red scarf,white pants"生图，发现裤子和围巾的颜色互相侵扰（见图 9.2.24）。

02 将提示词改为"1boy,Yellow top BREAK red scarf BREAK white pants"生图，发现用"BREAK"间隔提示词将提高提示词的精准度，使裤子的颜色正确（见图 9.2.25）。

图 9.2.24 　　　　　　　　　　　　　　　图 9.2.25

知识链接

设置"迭代步数"和"采样方法"将影响图像的清晰度和细节质量。迭代步数过多可能会导致生成速度变慢和资源消耗增加，同时图像质量、细节程度也会提高。

采样方法中每种方法都有其特性和应用场景，用户需要根据自己的具体需求（如图像质量、生成速度、可控性等）进行权衡和选择。随着技术的不断发展，用户需要保持关注并尝试新的方法。

- Euler 适合对图像质量要求不高，需要快速出图的用户。
- Euler a 适用于需要快速成图且对 tag（提示词）利用率较高的场景。

- DPM 系列提供了更高的图像质量和生成速度。DPM++ 2M/3M 适用于需要高质量和细节丰富的图像生成场景，步数越多，图像质量越高，但计算时间也会增加；PM++ SDE 结合了随机微分方程（SDE），带来更自然的图像生成过程；DPM++ SDE Karras 结合了 Karras 的优化策略，进一步提高了图像质量和生成速度。
- DDIM 适用于需要快速生成图像的场景，但在某些情况下可能无法生成足够复杂的图像细节。
- PLMS 可以生成多样且高质量的图像，计算过程可能相对复杂，需要较长的处理时间。
- UniPC 适用于需要高效且高质量图像生成场景。由于较新，可能需要更多的实验和验证来确保其稳定性和效果。

9.2.6 活动：熟悉文生图界面

01 在文生图界面，在正向提示词文本框中输入"masterpiece,high quality,highly detaailed,3girls,light smile,sitting,on grass"。输入提示词后，文本框下方会显示每个提示词的中文翻译（见图9.2.26）。如果没有显示，可单击 按钮调用翻译接口进行翻译。

图 9.2.26

> **知识链接**

（1）单击"历史记录" 按钮，将弹出近阶段输入的提示词（见图 9.2.27）。

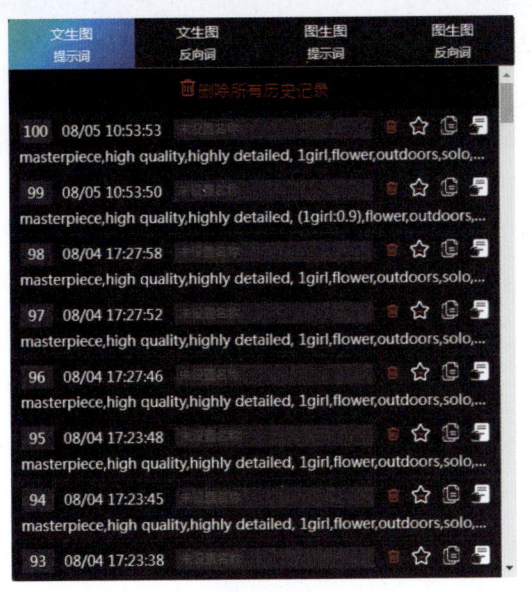

图 9.2.27

（2）如果单击 按钮后仍然没有翻译或者反应速度较慢，可将鼠标指针指向 按钮，在弹出的列表中单击 API 按钮 ，显示"翻译接口"下拉列表框（见图 9.2.28）。单击"翻译接口"右边的下拉按钮，即可在弹出的下拉列表中选择访问和调用其他合适的翻译程序（见图 9.2.29）。

图 9.2.28

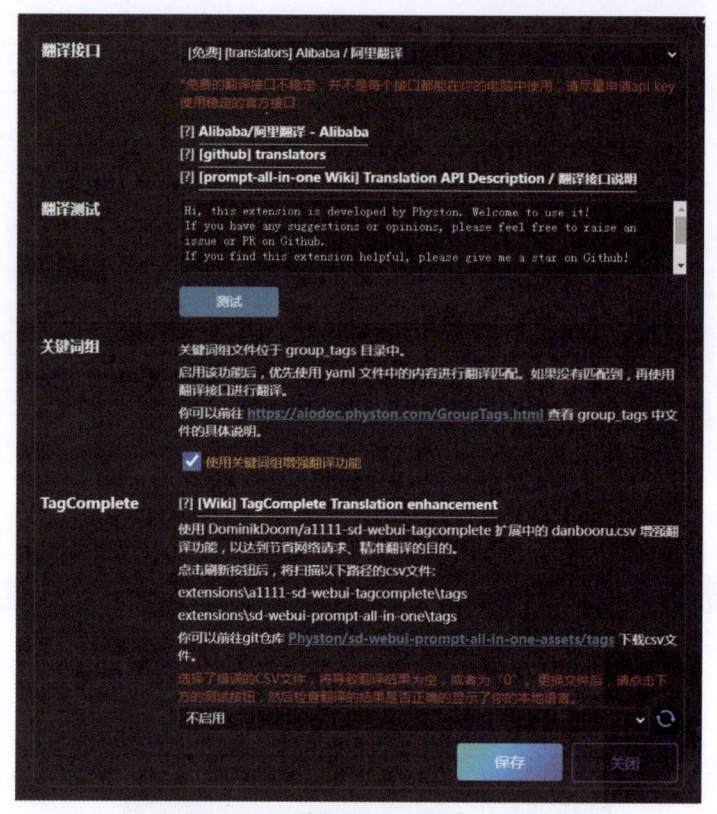

图 9.2.29

（3）输入多个提示词，系统会自动分组。带有颜色标记的提示词表示已被收录到分组标签中，相同颜色的标签表示在同一组（见图 9.2.30）。

图 9.2.30

（4）左右拖动提示词可以改变其先后顺序。

（5）单击"×"按钮可删除此提示词。

（6）双击提示词可暂停其使用，再次双击可恢复使用。

(7) 将鼠标指针指向某提示词，出现悬浮框，可快捷设置权重（见图9.2.31）。

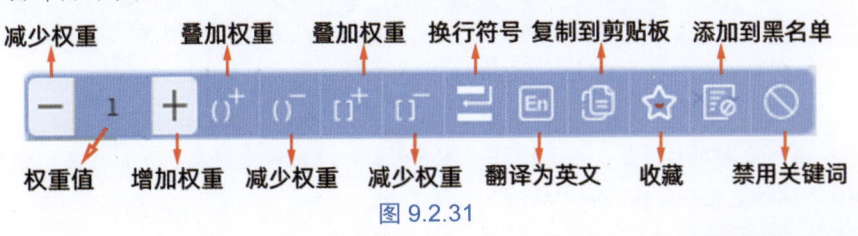

图 9.2.31

02 单击窗口右侧的 按钮，将基础启手式中的负面提示词放进负面提示词文本框中，或者直接输入以下反向提示词："lowres,bad anatomy,bad hands,text,error,missing fingers,extra digit,fewer digits,cropped,worst quality,low quality,normal quality,jpeg artifacts,signature,watermark,username,blurry"。

03 在窗口顶部的 Stable Diffusion 模型（ckpt）下拉列表中选择"SHMILY 古典炫彩_v1.safetensors"模型；选择"vaeftmse840000emapruned.safetensors" VAE 模型；设置"迭代步数"为 24；设置"宽度"为 512；设置"高度"为 1024；单击"生成"按钮，将生成 3 个女孩在草地上坐着的图像（见图9.2.32）。

图 9.2.32

9.2.7 活动：下载、应用和管理模型

> **知识链接**
>
> SD 中的模型大致分 5 种，分别是大模型、LoRA、VAE、Embedding、Hypernetwork。
>
> （1）大模型包括官方模型和 Checkpoint 模型两大类。官方模型包括 SD1.1～SD1.5、SD2、SD3 等，平时较少使用。Checkpoint 模型是在 SD 的基础上训练出来的，具有特定的风格。如黏土、二次元、国风、写实、油画等（见图9.2.33）。Checkpoint 模型文件的扩展名是 .ckpt、.pth 或 .pt、.safetensors。一般安装在"SD 安装目录/models/Stablediffusion"文件夹里。

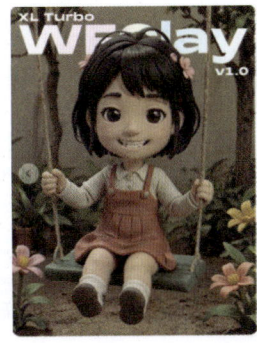

图 9.2.33

（2）LoRA 是一种允许用户通过少量数据快速训练出具有特定风格、角色或属性的模型变体。如果 SD 是一位技艺高超的画家，那么 LoRA 就像给画家配备的一套换装工具，帮助画家快速换上不同的画笔和颜料（即 LoRA 模型），让它能够更加灵活地绘制出不同风格或主题的画作。LoRA 文件的扩展名是 .pt/.ckpt，安装在"SD 安装目录 /models/LoRA"路径下。

（3）VAE 模型通常被嵌入大模型，用于修补、还原色彩，使图像更鲜亮。用户也可以根据需要使用外挂 VAE 模型，安装在"SD 安装目录 /models/VAE/"路径下。

（4）Embedding（嵌入式）模型也叫 Textual Inversion 模型，扩展名为 .pt/.png/.webp，安装在"SD 安装目录 /embeddings/"路径下。Embedding 模型擅长将一组描述性词汇打包，直接生成指定角色的特征或画风，例如"真实感 Juggernaut Negative Embedding"（见图 9.2.34）。当它作为反向词使用时，可避免生成人物肢体时出现错误，例如"坏手修复 negative_hand Negative Embedding _negative_hand"（见图 9.2.35）。

图 9.2.34　　　　　　　　　　　图 9.2.35

（5）Hypernetwork 是 SD 中的一种模型微调技术，比较而言，LoRA 和 Embeddings 的效果更好，文件体积更小，训练过程更简单，因此目前使用人数逐渐减少，仅应用在某些特定场景中。

① 提供 SD 模型下载的网站较多，在浏览器中输入网址 https://www.liblib.art 打开网页（见图 9.2.36）。

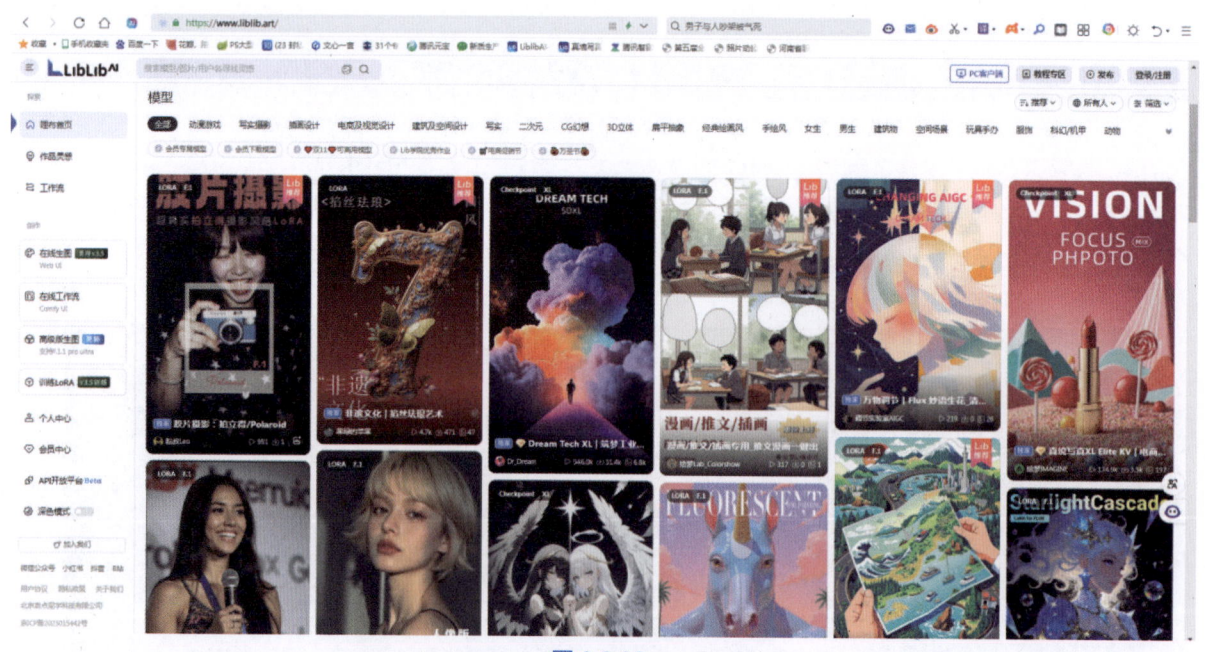

图 9.2.36

> 第 9 章 任务：Photoshop 结合 Stable Diffusion 的应用

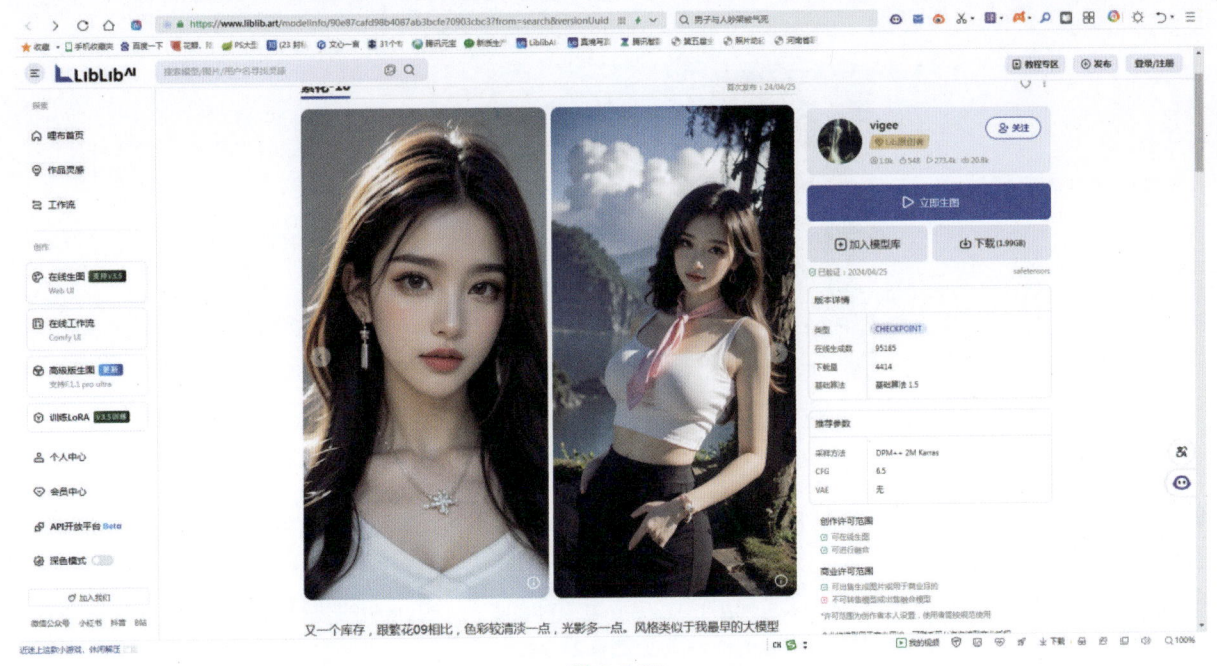

02 网页中提供了多种模型，单击示例图片，在打开的详情页上单击"立即生图"按钮，即可直接使用此模型出图（见图 9.2.37）。页面显示模型原作者为 vigee。也可以单击"下载"按钮将此模型下载到本地。

图 9.2.37

03 单击此示例图，即可在弹出的对话框中复制和查看提示词、迭代步数等信息（见图 9.2.38）。将此信息应用到自己的作品中，将更好地还原此模型的效果。复制随机种子值到 SD 中重新生图，可以得到与原图十分接近的图片。

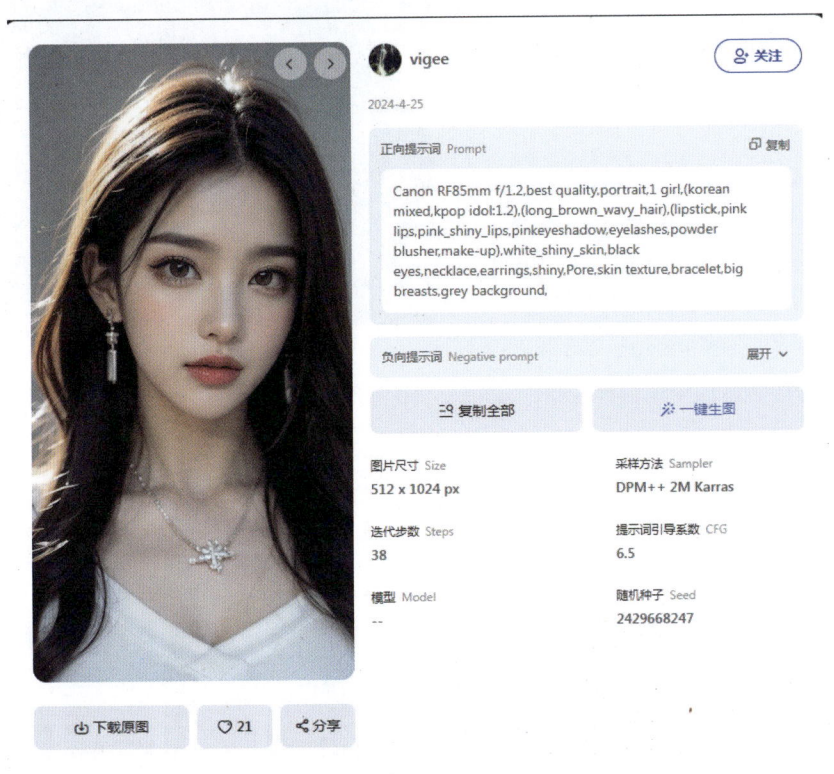

图 9.2.38

04 将下载的模型文件"繁花_写真-10_繁花-10.safetensors"放进 SD 安装目录 /models/Stablediffusion 文件夹，同时将网页中的示例图片保存下来，并命名成与模型相同的名字（见图 9.2.39）

图 9.2.39

05 单击 SD 窗口顶部左侧的"刷新"按钮，选择使用刚刚安装的"繁花_写真-10_繁花-10.safetensors"模型（见图 9.2.40）。

06 在网页上复制此图片的提示词和反向提示词，分别粘贴进 SD 中，并复制随机种子值，设置对应的参数，单击"生成"按钮，即可生成与模型相近的图片（见图 9.2.41）。

图 9.2.40　　　　　图 9.2.41

07 单击 SD 窗口中的"模型"选项卡（见图 9.2.42），即可查看和管理模型，可以看到下载与模型对应效果图的模型，更加方便查看。

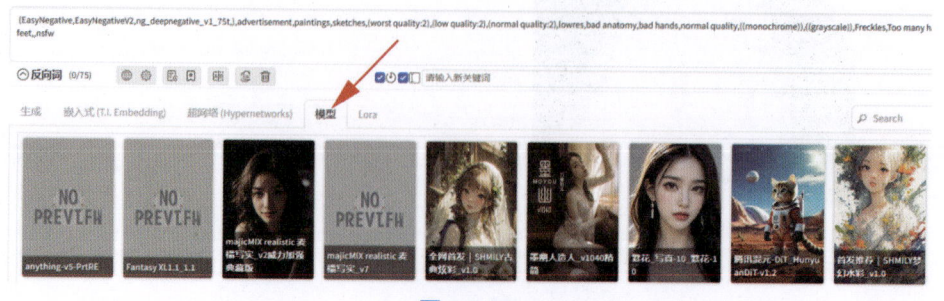

图 9.2.42

9.2.8 活动：使用ControlNet将照片转换成插画风格

> **知识链接**
>
> ControlNet是Stable Diffusion中的一款超强插件，用于增强图像生成的可控性。它允许用户通过提供特定的控制图像来精确指导生成结果，如控制人物姿势、线稿生图等。

在开始下面的学习活动之前，下载并准备好所需的模型文件，例如"SHMILY梦幻水彩"。如果计算机配置不高，最好将照片尺寸调节为512×512像素。

① 在WebUI界面左上部的"Stable Diffusion模型"下拉列表框中，选择首发推荐 | SHMILY梦幻水彩_v1.0.safetensors模型（见图9.2.43）。

② 在"文生图"选项卡下方，启用ControlNet和Lineart（线稿），并上传"素材9.2-1"（见图9.2.44）。

图 9.2.43

图 9.2.44

③ 在"预处理器"下拉列表中选择lineart_standard选项；在"模型"下拉列表中选择默认的control_v11p_sd15_lineart_fp16 [5c23b17d]（见图9.2.45）；单击中间的运行图标，照片右侧则出现线稿图。

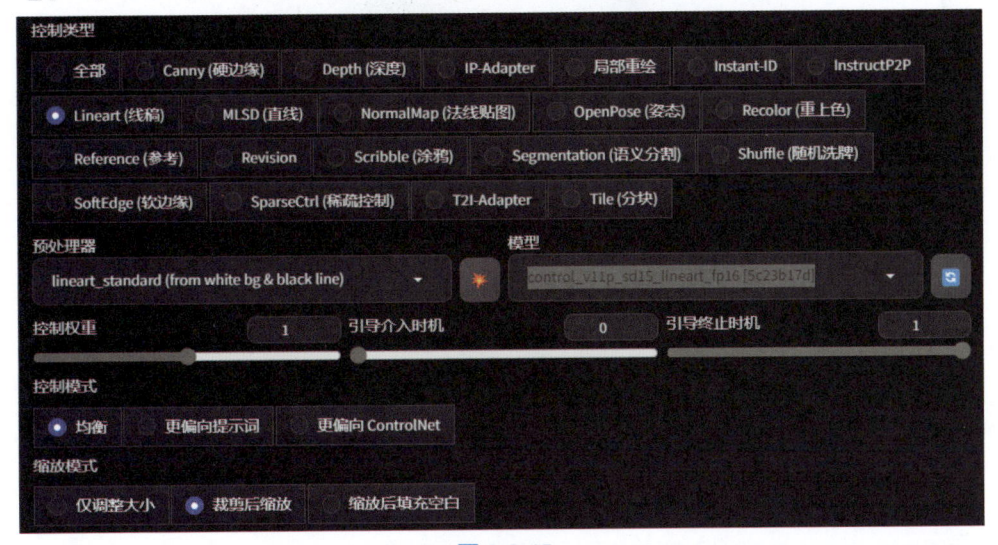

图 9.2.45

> **知识链接**
>
> （1）版本不同，ControlNet下方的控制类型也有区别，主要包括以下几种。

- 线稿（Lineart）：可将上传的图片转换为线稿，AI 在绘画时会按照线稿来创作，实现精准稳定的控制，适合需要精确控制图像轮廓和结构的场景，如插画、漫画等。
- 深度图（Depth）：可处理图片的前后深度关系，使 AI 绘画时能根据物体的远近关系来生成图像，适用于需要表现空间感和层次感的场景，如风景画、室内设计等。
- 骨骼姿势（OpenPose）：可自动识别图片中的人物姿势，生成人体姿势图，控制 AI 绘画时的人物姿势，适合需要精确控制人物动作和姿态的场景，如人物插画、漫画等。
- 参考图（Reference）：允许用户上传一张参考图，AI 会根据参考图生成相似的图片，类似于垫图功能，适用于需要基于现有图片进行创作，但希望结果有变化的场景，如基于一张风景照创作新的艺术作品。
- 重新上色（Recolor）：对黑白照片或线稿进行自动上色，用户也可以通过提示词来定义颜色，适合需要将黑白图像转换为彩色图像，或者为线稿添加颜色的场景。

（2）预处理器：每一种控制类型对应不同小组的预处理器。例如，Lineart（线稿）预处理器，包含 3 种。lineart_anime 用于提取动漫风格的线稿或素描；ineart_coarse 用于生成粗糙线稿或素描；lineart_realistic 用于生成写实风格的线稿或素描等。

（3）控制权重用于调节 ControNet 对图像生成过程的影响程度，权重越高，ControlNet 的作用越明显。

（4）控制模式分为均衡、偏向提示词和偏向 ControNet 三种，用户可以根据创作需求选择适合的模式，以达到理想的图像生成效果。

04 单击"生成"按钮（不需要写提示），即可生成倾向于原照片的水彩风格的图像（见图 9.2.46）。

图 9.2.46

9.3 设计师岗位实战演习

9.3.1 使用 Photoshop 结合 SD 制作 3D 风格书店 H5 海报

01 在"Stable Diffusion 模型"下拉列表中选择一种 3D 模型，例如"That's Me 3D SD1.5 Checkpoint_V1.0.safetensor"（见图 9.2.47）。

02 在SD"文生图"选项的提示词文本框中输入:"Cute little boy reading a book in a bright,clean bookstore with ample daylight,the bookstore occupying a larger portion of the image. Balanced composition,elegant color palette,cozy and inviting atmosphere,high-definition"(可爱的小男孩在明亮干净的书店里读书,充足的自然光线,书店占据图像的较大部分。平衡的构图,优雅的色彩搭配,温馨宜人的氛围,高清晰度);在反向词文本框中输入:"Distorted face,blurry,low resolution,unrealistic proportions,bad lighting,unnecessary props,poorly drawn hands,unnatural skin tones,weird pose,extra limbs,awkward angles,overexposure,underexposure,messy background,low-quality textures"(见图9.2.48)。

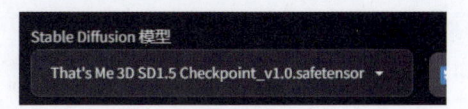

图 9.2.47

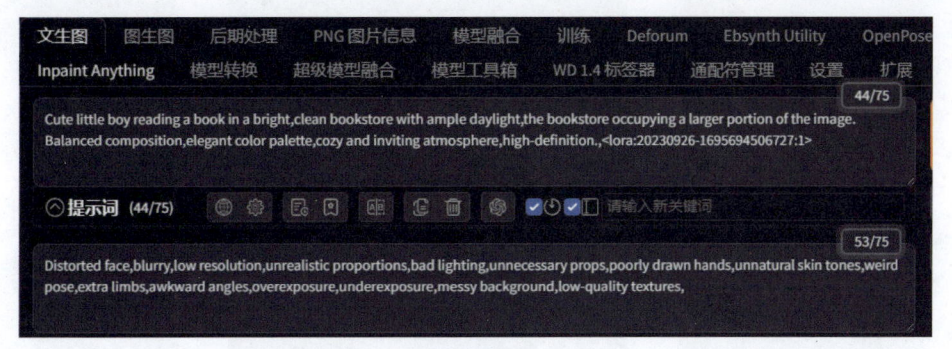

图 9.2.48

03 设置"采样方法(Sampler)"为Euler a、"迭代步数(Steps)"为25、"宽度"和"高度"分别为768和1024(见图9.2.49)。

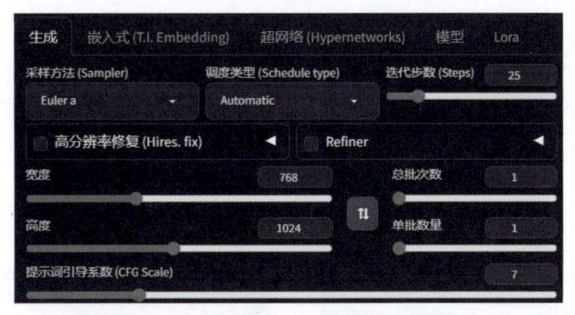

图 9.2.49

04 单击LoRA选项卡,选择"三维IP效果模型2.0_三维IP效果模型v1.0"(见图9.2.50),提示词中出现对应的内容"〈lora:20230926-1695694506727:1"。

图 9.2.50

05 单击"生成"按钮,生成男孩在书店中看书的 3D 形象。如果对生成的图像效果不满意,可多次生成,直至出现满意的效果(见图 9.2.51)。

06 在 Photoshop 中新建 H5 页面大小的文件(640×1136),将图 9.2.51 拖进新文件中,并调整大小。用"魔棒工具"选择空白区域,选择"编辑"→"填充"菜单命令,在"内容"下拉列表中选择"内容识别"选项,扩充画面(见图 9.2.52)。

07 使用文字工具添加标题,并增加一些装饰,形成书店海报(见图 9.2.53)。

图 9.2.51

图 9.2.52

图 9.2.53

9.3.2 使用图生图涂鸦重绘实现模特换装

Stable Diffusion 的图生图功能允许用户基于已有的图像生成新图像。通过涂鸦,可在图像中绘制或修改某些部分,这对于给模特换装,或者其他图像的编辑任务非常有效。

01 单击"图生图"选项卡,上传"素材 9.3-1"(见图 9.2.54)。

02 选择"涂鸦重绘"选项,在需要重绘的位置涂抹(见图 9.2.55)。

图 9.2.54

图 9.2.55

> 第 9 章 任务：Photoshop 结合 Stable Diffusion 的应用

03 在提示词文本框中描述需要重绘的服装"White classical long dress,flowing and ethereal,seamlessly blending with the background and original image,soft lighting,harmonious and natural look"（白色古典长裙，飘逸而空灵，与背景和原图完美融合，柔和的光线，和谐自然的效果）。

设置"重绘区域"为"整张图片"；设置"采样方法（Samlper）"为DPM++2M；设置"重绘尺寸"为原图大小（768×1024）；设置"提示词引导系数（CFG Scale）"为7；设置"重绘幅度"为0.7；设置"随机数种子（Seed）"固定为原图的"4123718445"（见图9.2.56）。

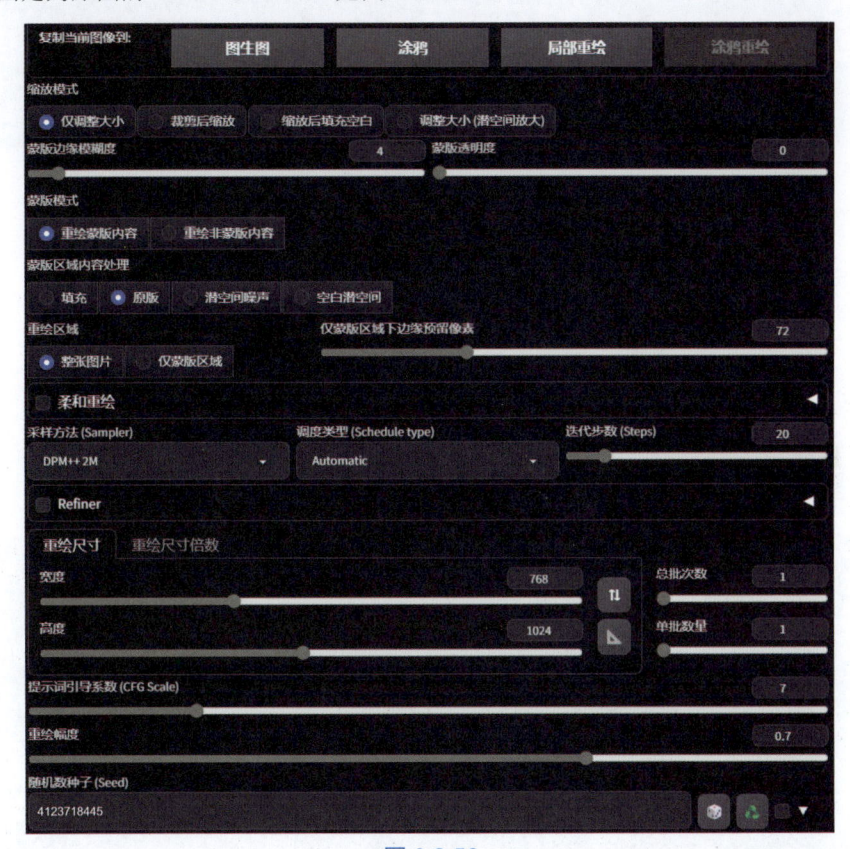

图 9.2.56

04 单击"生成"按钮，将会生成图9.2.57所示的图像。

知识链接

"提示词引导系数"控制文本提示词对生成图像的影响程度，使用低系数（例如5～7）生成的图像可能会偏离提示词，具有更多的创造性和随机性。使用高系数（例如15～20）生成的图像通常会更精确，更符合文本描述，但可能会失去一些创造性。

"重绘幅度"控制生成的图像与原图的差异度，高幅度带来大的变化，低幅度保留更多原图细节。

图 9.2.57

第 10 章
任务：Photoshop 结合 Midjourney 的应用

10.1 预备知识

10.1.1 Midjourney 的基本用法

在浏览器输入 Midjourney 的官网网址 https://www.midjourney.com/home/，进入官网，单击左下角的"文档（Documentaytion）"按钮（见图 10.1.1）。

图 10.1.1

进入新界面，单击"快速入门指南（Quick Start Guide）"按钮（见图 10.1.2）。

图 10.1.2

> 第 10 章　任务：Photoshop 结合 Midjourney 的应用

根据界面提示，完成 Discord 账号的登录、订阅、加入 Midjourney 服务器和前往频道（图 10.1.3）。

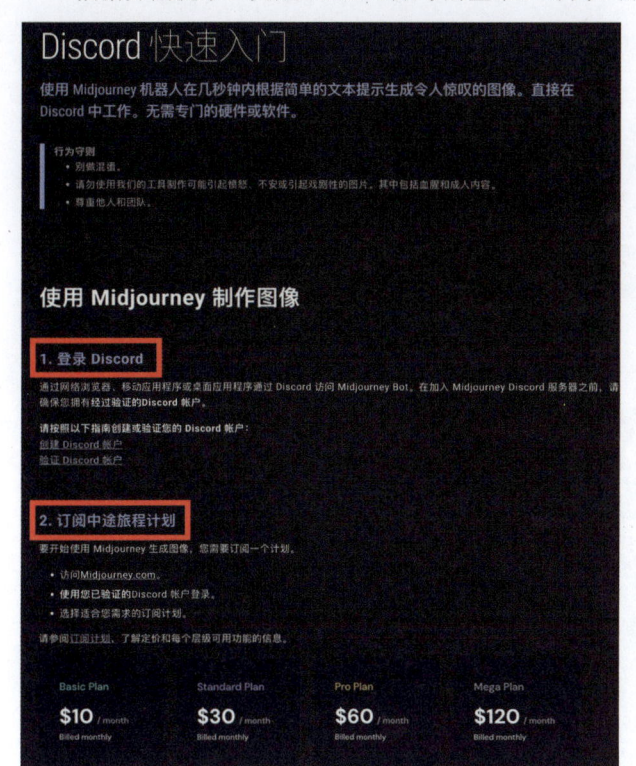

图 10.1.3

进入 Midjourney 使用界面（图 10.1.4）。

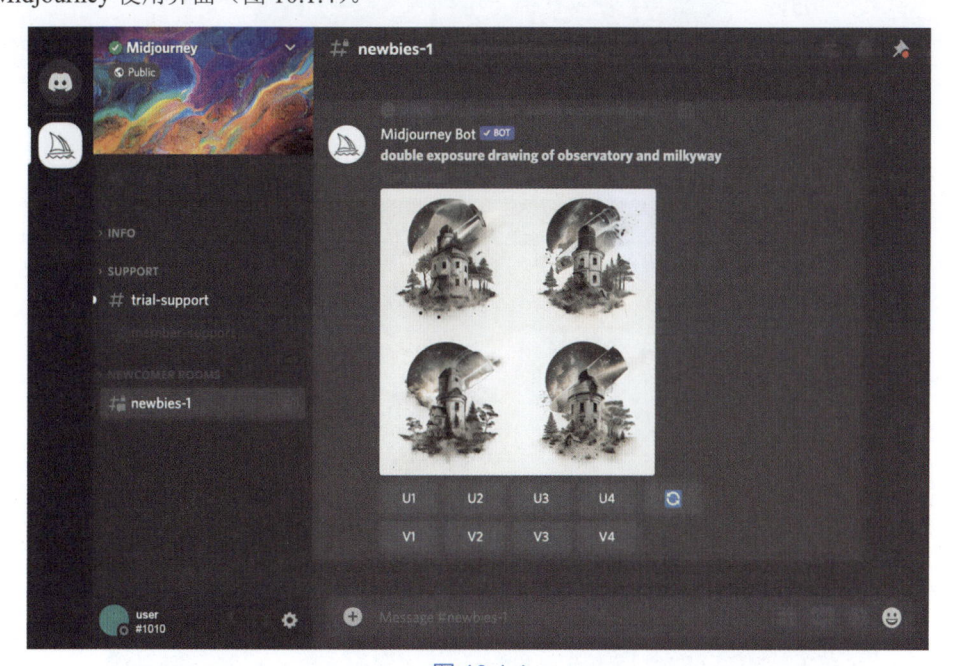

图 10.1.4

/imagine 是最基本的命令，在对话框中输入"/"时会弹出可用斜线命令列表，从中选择命令"/imagine prompt"（见图 10.1.5）。然后将需要的图片描述文本翻译成英文，输入到 prompt 右侧的文本框中（见图 10.1.6），发送文本，等待出图（见图 10.1.7）。

147

图 10.1.5 　　　　　　　　图 10.1.6 　　　　　　　　图 10.1.7

一次会生成 4 组图片，显示两排按钮，界面简介如图 10.1.8 所示。

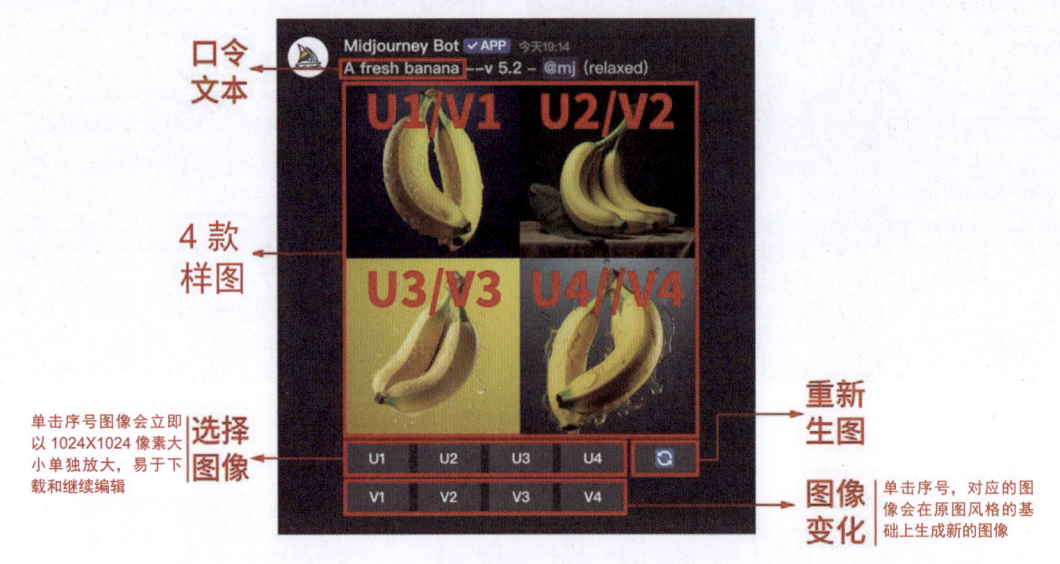

图 10.1.8

单击图片序号，放大一张图像，会出现一组扩展选项，简介如图 10.1.9 所示。

图 10.1.9

10.1.2　Midjourney 的常见指令介绍

/imagine：生成图像（根据文案生成图案）。

/settings：查看 Midjourney 机器人设置。

/info：查看基本信息（如订阅、模式等）。

/describe：描述图片信息（根据图片生成描述文字）。

/relax：切换到 relaxed 模式（切换到轻松模式）。

/fast：切换到 fast 模式（切换到快速模式）。

/blend：混合两张图像（将两张图像中的元素混合到一张图像中）。

/ask：提问（进行搜索提问）。

/help：查看帮助信息（新手指导、跳转链接等）。

/stealth：切换到隐身模式。

/public：切换到公共模式。

/subscribe：查看 / 管理订阅。

/prefer option set：创建一个自定义变量。

/prefer suffix：指定要添加某个末尾的提示后缀。

/prefer option list：列出之前设置的所有自定义变量。

/show：结合任务 ID 生成原图片。

10.1.3　Midjourney 的关键词结构和常用参数

1. 关键词结构

Midjourney 只能识别单词和短语，即使输入长句，Midjourney 也会拆解成短句，因此尽量用短句和单词，关键词之间用逗号隔开，注意不要使用违禁词。例如血腥、性感、人体敏感部位名词、表情包（emoj）等。

2. 关键词越具象越好

比如，当要描述多个物品时，最好不要表述为"有好几个"。需要描述出具体数字，比如"4 个苹果""2 个桃子"。

3. 只描述画面想要呈现的内容

如果不希望画面中出现苹果，则描述的文字里就不要出现"苹果"这个词，尾缀可以使用"--no apple"。

4. 关键词万能公式：主体 + 场景 + 风格 + 媒介 + 构图 / 镜头 + 光影 + 画质 + 命令。

主体：指的是画面主要内容，比如需要的内容是人为主体还是植物为主体。

场景：环境要求或者背景描述。

风格：图像风格、艺术家风格等。

媒介：照片、插画、雕塑、壁画、树脂、大理石等。

构图 / 镜头：居中构图、特写、全景等。

光影：如柔和的灯光、伦勃朗灯光、马卡龙色等。

画质：如高清画质、超细节、降噪、精细等。

命令：如参数命令、系统设置等。

常用参数如图 10.1.10 所示。

参数名称	解释	数值范围	输出示例
--ar	图像的宽度和高度之比	-	--ar 9:16
--v/--niji	默认数值是当前版本，也可以通过 /settings 设置对应版本	-	--v 5/--niji 5
--iw	图像权重	0.5-2	--iw2
--no	不要在图像中包含物体	-	--no apple
::	不同物体在图像中的占比	-	apple::8 Banana::2
--chaos	值越高图像越不可控，值越低图像越靠谱	0-100	--chaos 100
--style	图像采用哪种风格，--style raw 为默认风格	风格	--style raw
--stylize	值越高,图像越具有艺术风格	风格化	--stylize 20
--q	值越高图像品质越高	质量	--q 5
--tile	壁纸和纹理创建无缝图案	-	--tile
--weird	值越高图像越抽象、怪异	-	--weird
{}	排列提示基础	-	/imagine prompt a {red,green,yellow} bird 创建并处理 3 个作业

图 10.1.10

10.2 学习实践活动

10.2.1 活动：使用 Midjourney 制作喷溅咖啡摄影图

01 进入 Midjourney 自己的服务器，在文本框中输入"A cup of coffee, white background, professional photography, coffee splash, close-up shot, studio light, high-definition, 4K -- ar 9：16（一杯咖啡，白色背景，专业摄影，咖啡喷溅，特写镜头，影棚光，高清，4K--ar 9：16），按 Enter 键，等待出图（见图 10.2.1）。

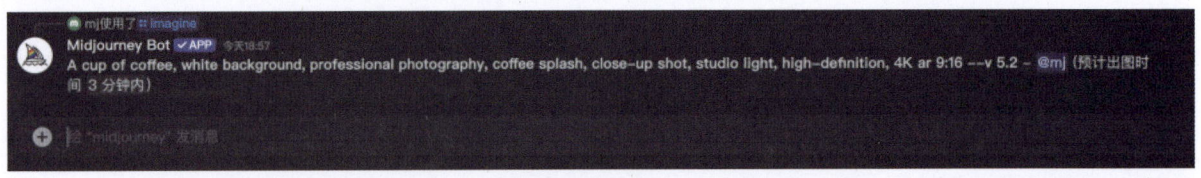

图 10.2.1

02 查看 Midjourney 生成的图片（见图 10.2.2）。

图 10.2.2

03 单击 U1 按钮放大第一张图片（见图 10.2.3）。

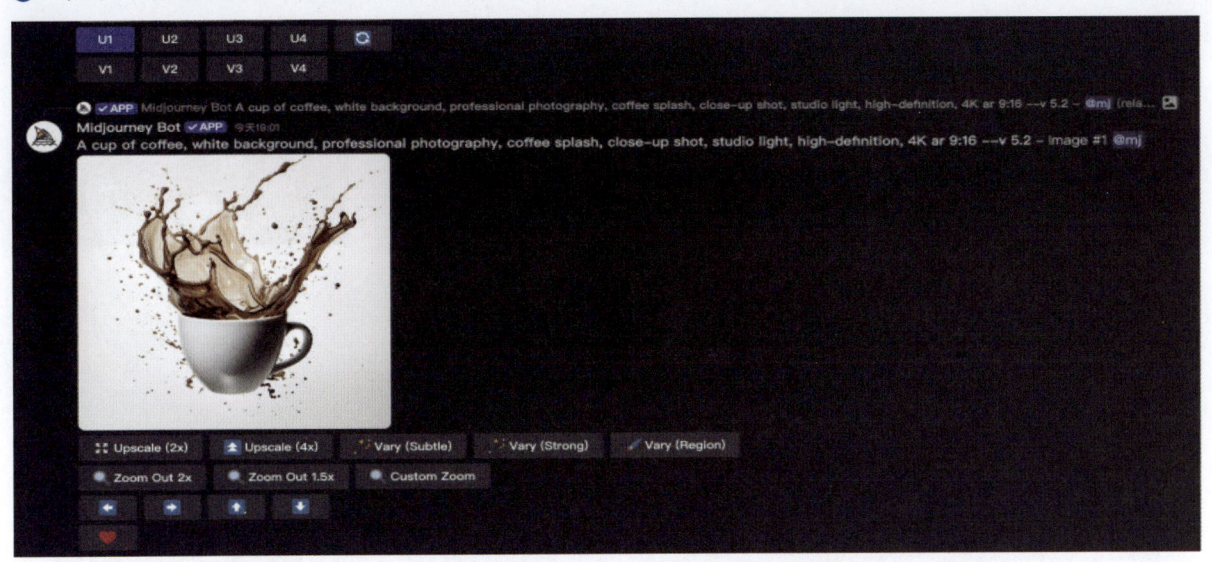

图 10.2.3

04 单击图片，单击图片下方的"下载原图"按钮，将图片下载到计算机桌面（见图 10.2.4）。

图 10.2.4

10.2.2 活动：使用 Midjourney 提炼蛋糕图关键词

01 进入 Midjourney 界面，在文本框中输入"/describe"，在弹出的两个选项中，选择"image"选项（见图 10.2.5）。

02 单击上传按钮（见图10.2.6），上传素材图片"素材10.2-1"（见图10.2.7）。

图 10.2.5

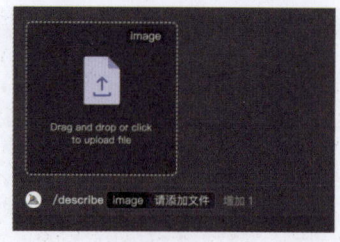

图 10.2.6

图 10.2.7

03 按 Enter 键，即可生成关于图片表述的提示词（见图10.2.8）。

04 随意复制一段提示词，在"/shorten prompt"（见图10.2.9）右侧的文本框中，输入复制的提示词，按 Enter 键，就可以提炼关键词（见图10.2.10）。

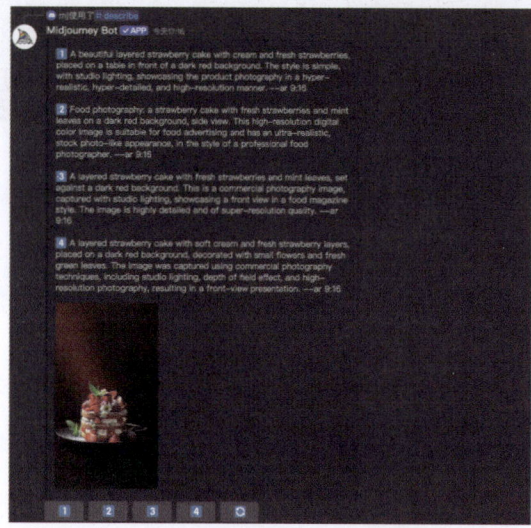

图 10.2.8

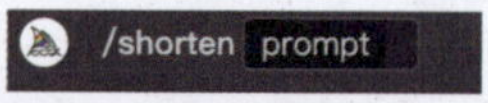

图 10.2.9

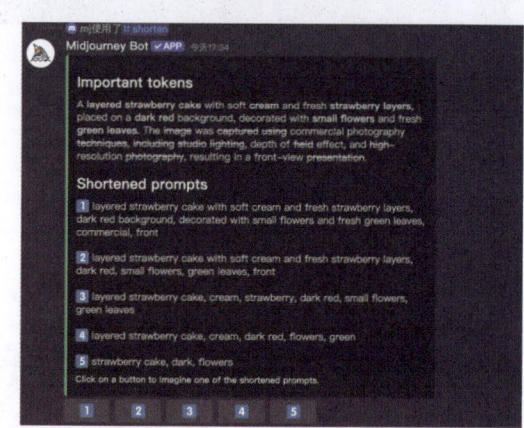

图 10.2.10

05 单击代表缩略关键词的数字，即可生成相似的图像（见图10.2.11）。

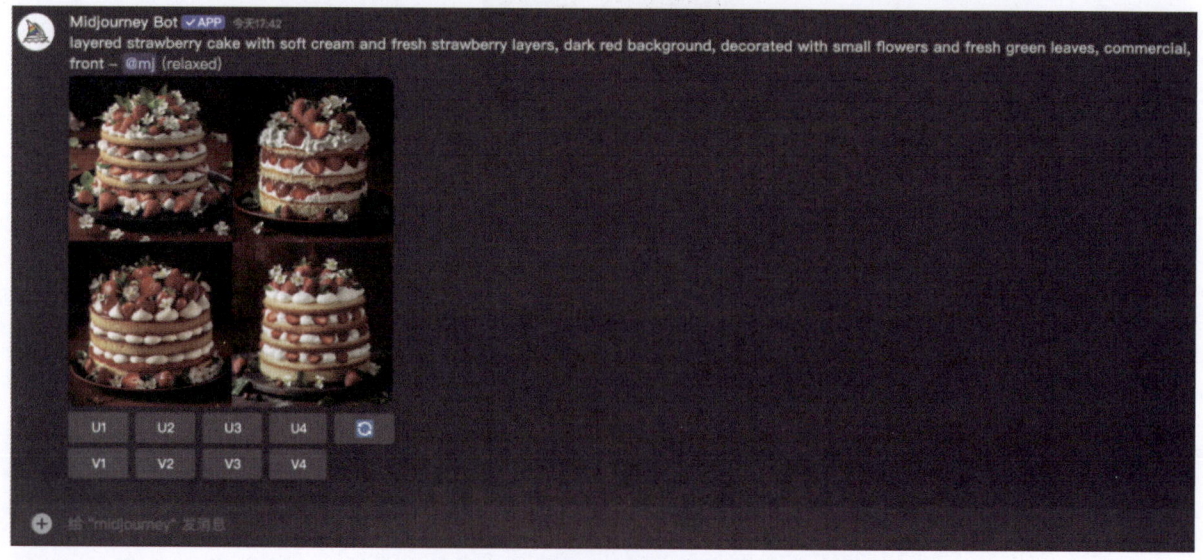

图 10.2.11

10.2.3 活动：使用 Midjourney 对图像进行局部重绘

01 进入 Midjourney 界面，在文本框中输入"Beautiful anime-style girl wearing a green and white Adidas tracksuit, with a big smile on her face, in the style of gongbi painting. The character design features a full-body portrait with a baseball cap, created using ZBrush. The detailed costumes and green background evoke an anime aesthetic with super-realistic detail. --ar 53:128"，按 Enter 键，生成穿绿色运动装的女孩图像（见图 10.2.12）。

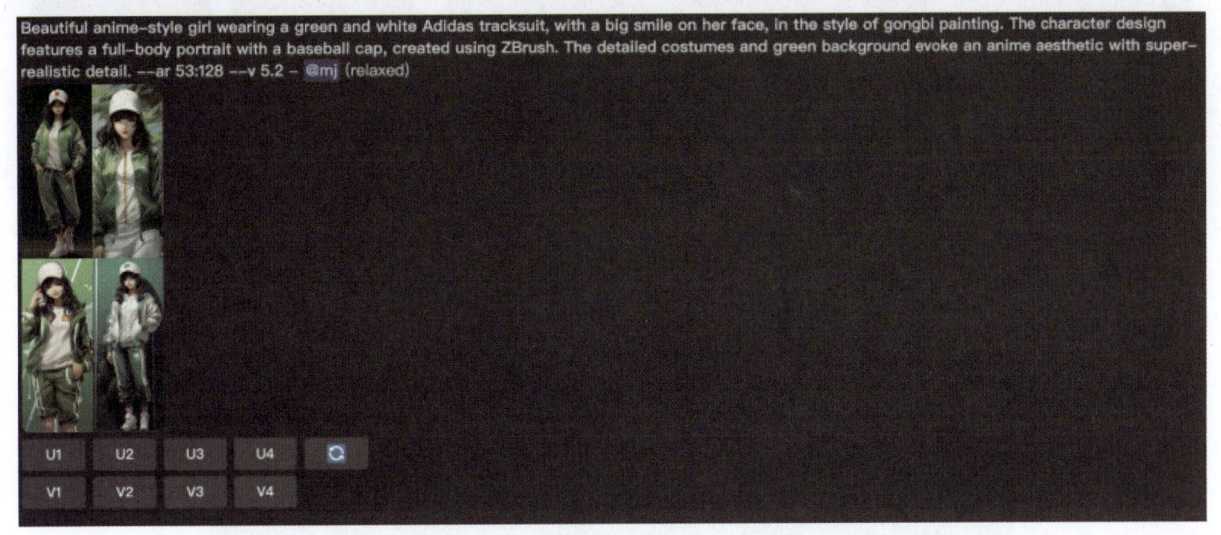

图 10.2.12

02 单击 U1 按钮，获取单张图片，单击"Vary(Region)"按钮（见图 10.2.13）。

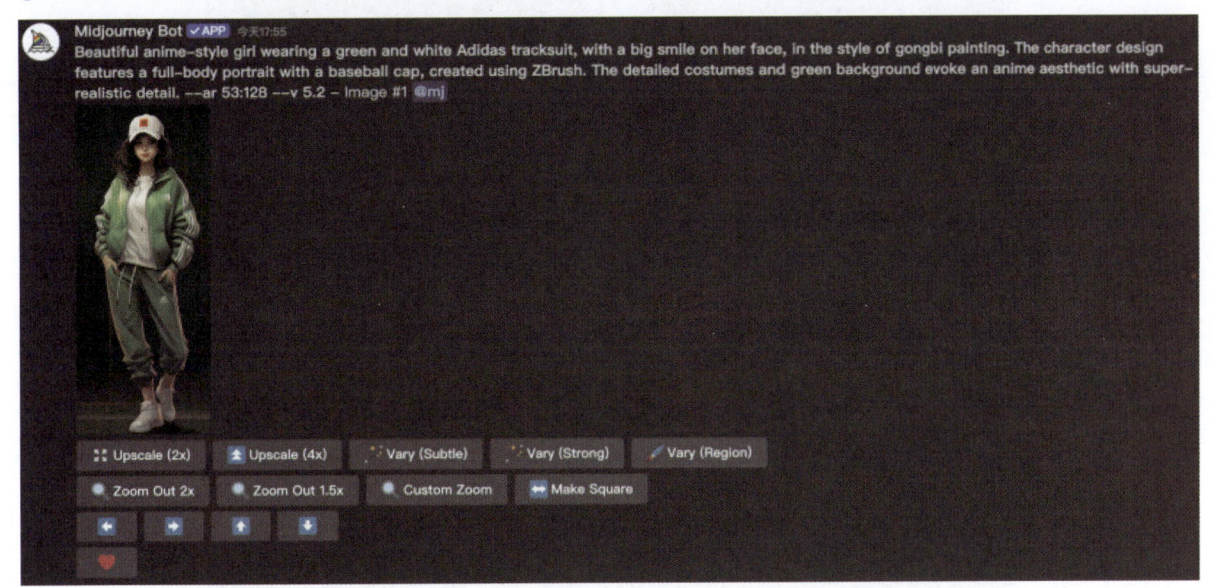

图 10.2.13

03 用"矩形选框工具"或者"套索工具"，选择图像中的上衣，在文本框中输入提示词"Pink hoodie sportswear, in the style of meticulous painting. Exquisite costumes and surreal details in anime aesthetics"，按 Enter 键（见图 10.2.14）。

04 修改前后效果对比如图 10.2.15 所示。

图 10.2.14

改前　　改后

图 10.2.15

> **知识链接**

矩形选框工具：适合对大范围或者比较广泛的区域进行重绘，但是若选择不规则的图形则边缘不精准（见图 10.2.16）。

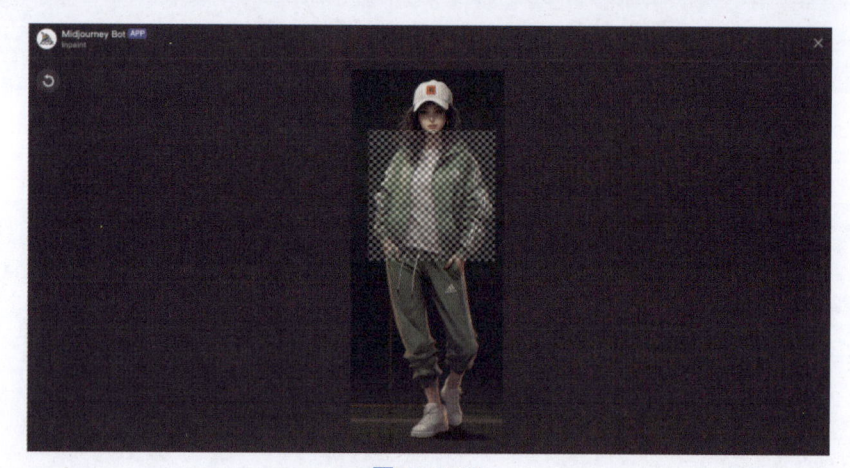

图 10.2.16

套索工具：适合精细地选中相关区域进行重绘（见图 10.2.17）。

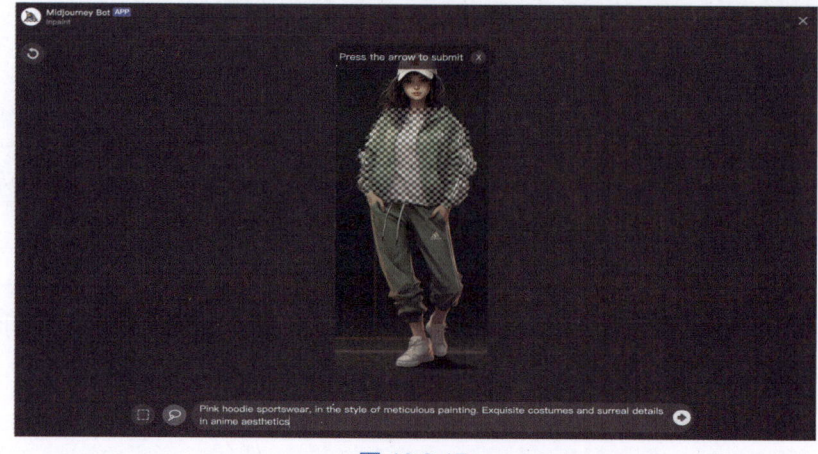

图 10.2.17

> 第 10 章 任务：Photoshop 结合 Midjourney 的应用

10.3 设计师岗位实战演习

10.3.1 使用 Midjourney 和 Photoshop 上下文工具智能制作香水海报

01 在 Photoshop 中打开"素材 10.3-1""素材 10.3-2"（见图 10.3.1）。

02 将两张图简单叠加，并储存为 .jpg 格式的文件（见图 10.3.2）。

图 10.3.1

图 10.3.2

03 在 Midjourney 中输入 "/describe" 指令，将刚才简单合成的图片拖进去，按 Enter 键，Midjourney 会根据图片生成 4 条文字描述（见图 10.3.3）。

04 单击最开始的图像，再单击右下角的"复制原图地址"按钮（见图 10.3.4）。

图 10.3.3

图 10.3.4

05 在生图命令中输入复制的链接，再输入刚才生成的文字描述中最贴切的一条进行生图操作（见图 10.3.5）。

155

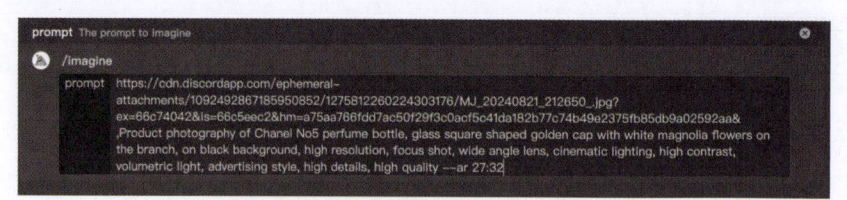

图 10.3.5

06 在生成的图片中选择一张进行下载，导入 Photoshop 进行细节修饰和文字排版（见图 10.3.6）。

图 10.3.6

10.3.2　使用 Midjourney 和 Photoshop 上下文工具智能制作桃子包装

01 在 Midjourney 中输入"peach, white background, simple drawing, minimalism, water color, pastel colors, simple lines, children's book illustration style, high resolution, high quality"，生成桃子图片（见图 10.3.7）。

图 10.3.7

02 在生成的图片中选择效果最好的一张图片（见图 10.3.8），下载图片，再将其导入 Photoshop 进一步优化。

> 第 10 章　任务：Photoshop 结合 Midjourney 的应用

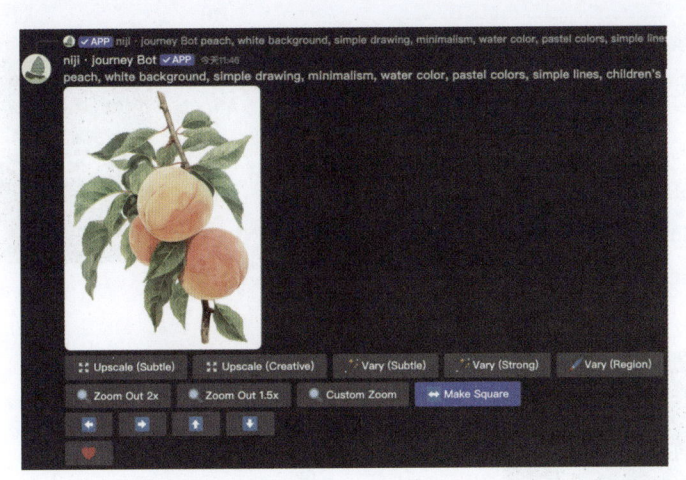

图 10.3.8

03 打开"素材 10.3-3"，进行包装展开图的设计排版（见图 10.3.9）。

图 10.3.9

04 打开"素材 10.3-4"的包装样机，制作包装设计效果（见图 10.3.10）。

图 10.3.10

157

10.3.3 使用 Midjourney 和 Photoshop 智能制作芯片科技海报

01 在 Midjourney 中输入"cience and technology sense, circuit version, gold luminous transparent chip core, black board, gold luminous line, dense resistor, small battery realistic details, c4d, oc rendering, virtual engine, HD 8k",生成芯片图片(见图 10.3.11)

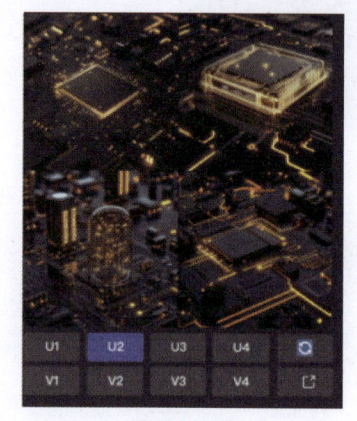

图 10.3.11

02 选择效果最好的一张图片,下载图片(见图 10.3.12)。

图 10.3.12

03 打开 Photoshop,新建"宽度"为"25 厘米"、"高度"为"45 厘米"、"分辨率"为"300 像素"、"颜色模式"为 CMYK 的文件,将下载的图片导入新建的画板(见图 10.3.13)。

04 选择"图像"→"调整→"色阶"菜单命令,根据自己生成的图像,适当调整相关参数,使图像明暗对比度和清晰度更高(见图 10.3.14)。

05 用"钢笔工具"选择芯片核心部分建立选区,设置前景色为(C=0, M=40, Y=100, K=0),单击"渐变工具",选择"前景色到透明渐变",从下而上绘制渐变(见图 10.3.15)。

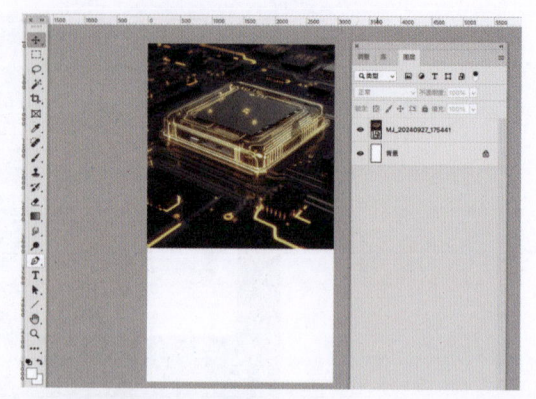

图 10.3.13

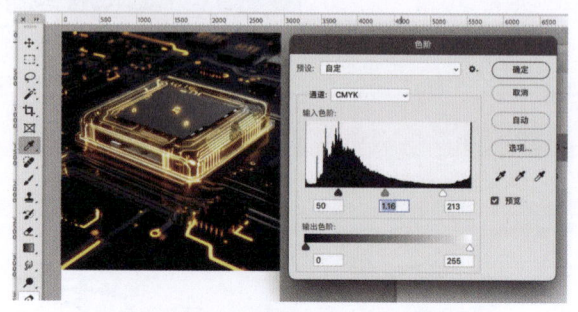

图 10.3.14

图 10.3.15

06 将渐变图层的"混合模式"设置为"颜色加深"(见图 10.3.16)。

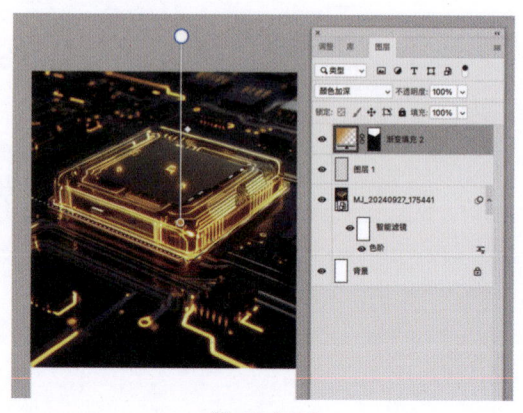

图 10.3.16

> 第 10 章　任务：Photoshop 结合 Midjourney 的应用

07 设置前景色为黑色，单击"渐变工具"，选择"前景色到透明渐变"，从下而上绘制渐变（见图10.3.17）。

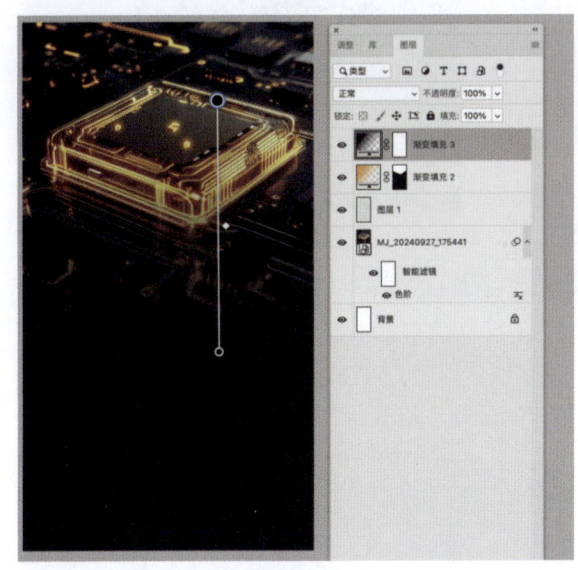

图 10.3.17

08 单击"污点修复画笔工具"，修复芯片上的瑕疵（见图 10.3.18）。

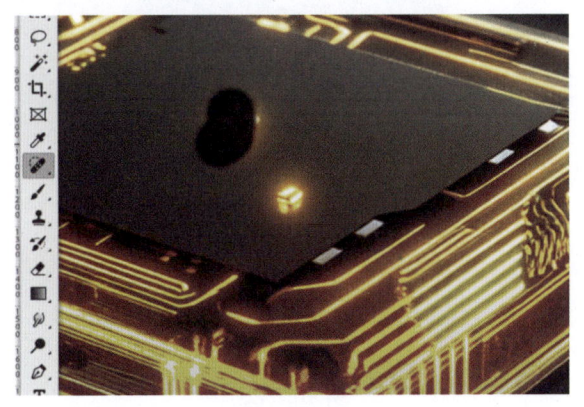

图 10.3.18

09 输入文字"MIDJOURNEY AI"，并为其添加"斜面和浮雕"图层样式，"样式"为"外斜面"，"方法"为"平滑"，"深度"为 105%，"方向"为"下"，"大小"为"7 像素"，"软化"为"0 像素"，阴影"角度"为"60 度"，"高度"为"26 度"，"光泽等高线"为"锥形"，"高光模式"为滤色，"颜色"为（C=4, M=4, Y=99, K=4），"不透明度"为"75%"，"阴影模式"为"正片叠加"，阴影颜色为（C=100, M=0, Y=0, K=100），"不透明度"为22%（见图 10.3.19）。

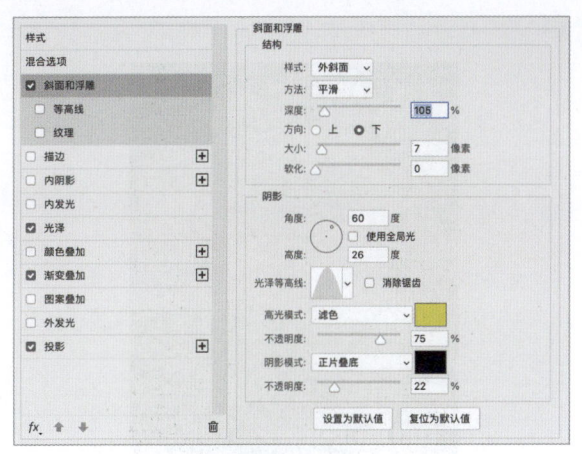

图 10.3.19

10 继续添加"渐变叠加"图层样式，"混合模式"为"正常"，渐变颜色从左至右的颜色值分别是 #4e3a1b、# 9d742e、# f3dd9f、# f1efc3、# 998652，"样式"为"线性"，"角度"为 72 度，单击"确定"按钮（见图 10.3.20）。

图 10.3.20

11 使用"自由变换工具"将字体透视变换成跟芯片一致的角度（见图 10.3.21）。

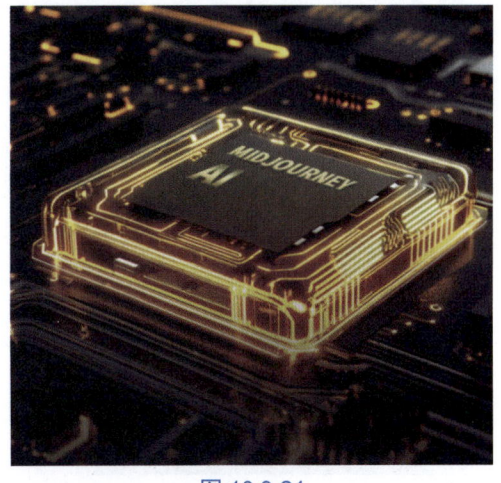

图 10.3.21

159

⑫ 输入文字，完成设计（见图 10.3.22）。

图 10.3.22

10.3.4 使用 Midjourney 和 Potoshop 智能制作旅游景区海报

① 在 Midjourney 中输入"Potala Palace, clear sky, romantic scenery, mysterious atmosphere, palace, vibrant color landscape, ultra high definition image, fresh composition, rich colors, high resolution, high quality, rich details, rendering, hyper-realistic Photography style, shot with Canon EOS camera, wide angle lens,HD 8k"，生成拉萨风景图片（见图 10.3.23）。

② 在生成的图片中选择效果最好的一张图片，下载图片（见图 10.3.24）。

图 10.3.23

图 10.3.24

③ 打开 Photoshop，新建"宽度"为"25 厘米"、"高度"为"50 厘米"、"分辨率"为"150 像素"、"颜色模式"为 CMYK 的文件，将下载的图片导入新建的画板（见图 10.3.25）。

图 10.3.25

④ 打开 Photoshop，用 Photoshop 上下文工具智能补充画面（见图 10.3.26）。

图 10.3.26

> 第 10 章 任务：Photoshop 结合 Midjourney 的应用

05 单击"创建新的填充或调整图层"按钮，选择"曲线"选项。根据自己的画面适当调整相关参数，使画面更加清晰（见图 10.3.27）。

图 10.3.27

06 设置前景色为白色，单击"渐变工具"，选择"前景色到透明渐变"，从上而下绘制渐变（见图 10.3.28）。

图 10.3.28

07 打开素材，选择"墨水山"素材置入画面，设置"不透明度"为 60%，选择"文字素材"置入画面，设置"不透明度"为 8%，调整素材大小（见图 10.3.29）。

图 10.3.29

08 绘制矩形选框，设置前景色为（C=46, M=14, Y=0, K=0），单击"渐变工具"，选择"前景色到透明渐变"，从上而下绘制渐变（见图 10.3.30）。

图 10.3.30

09 输入文字，完成设计（见图 10.3.31）。

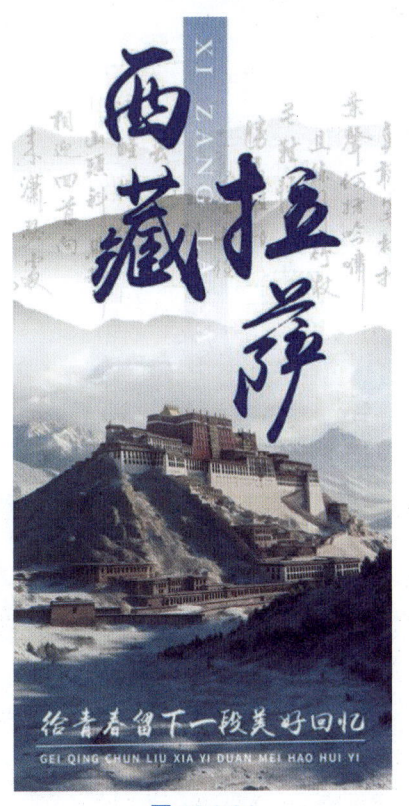

图 10.3.31

161

第 11 章

任务：Photoshop 结合文心一格的应用

11.1 预备知识

11.1.1 文心一格简介

文心一格是百度依托飞桨、文心大模型的技术创新，推出的 AI 艺术和创意辅助平台。有设计需求和创意的人群可以通过输入自己的创想文字，选择期望的画作风格，快速获取由文心一格生成的 AI 画作。

11.1.2 文心一格界面

在浏览器中输入文心一格官网网址 https://yige.baidu.com/，进入官网（见图 11.1.1）。单击右上角的"登录"按钮，可以跳转到登录界面，登录自己的账号。首次登录可以单击"立即注册"按钮，注册新账号后再登录。登录后，单击界面中的"AI 创作"或者"立即创作"按钮（见图 11.1.2），进入创作界面（见图 11.1.3）。

图 11.1.1

AI 创作界面分为 AI 创作和 AI 编辑两个部分。用户可以按照自己的设计需求选择使用（见图 11.1.4），功能包括文本描述输入框、画面类型、比例、数量。

图 11.1.2

图 11.1.3

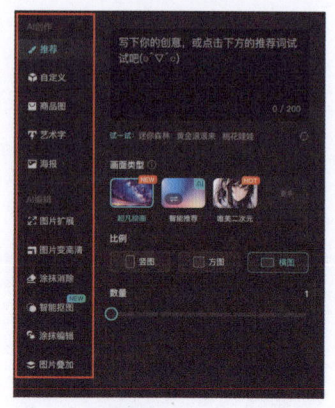

图 11.1.4

（1）文本描述输入框：在输入框中输入绘画创意描述词，使用标准的提示词语句生成的效果会更好（见图11.1.5）。

图 11.1.5

（2）画面类型：有多种风格供用户选择；比例：选择期待生成的画作尺寸；数量：选择生成的画作数量，取值范围是1～9，单次最多可以生成9张图。

（3）生成记录：在界面右侧上下滑动即可查看历史生成记录，也可以单击右上角的"创意管理"按钮，查看生成的历史画作（见图11.1.6）。

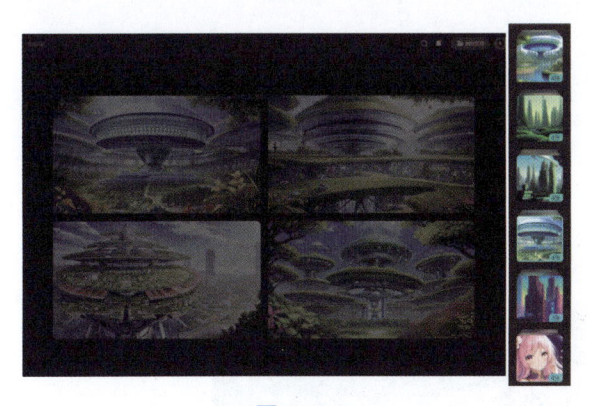

图 11.1.6

（4）分享创意：可以单击图片查看大图，同时在右侧的工具栏中进行"画作公开""加入收藏夹""分享下载"等操作。同时，在右下角支持用户为画作评分（见图11.1.7）。

（5）图生图：在"上传参考图"下方的框内上传期待文心一格参考的图片，文心一格将根据参考图绘制画作（见图11.1.8）。用户可以调整相关参数，参考值越大，对生成图片的影响越大。

（6）图片叠加：上传两张图片进行融合叠加，用户可以拖动滑块调节两张图片对结果的影响程度（见图11.1.9）。

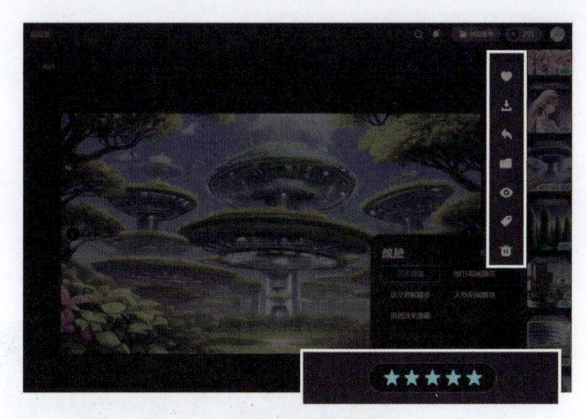

图 11.1.7

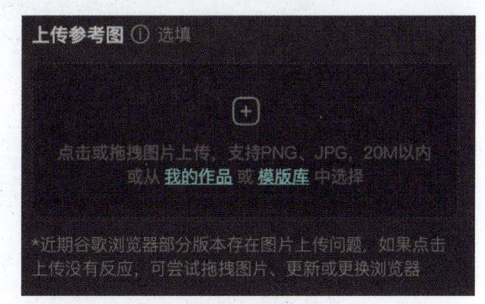

图 11.1.8

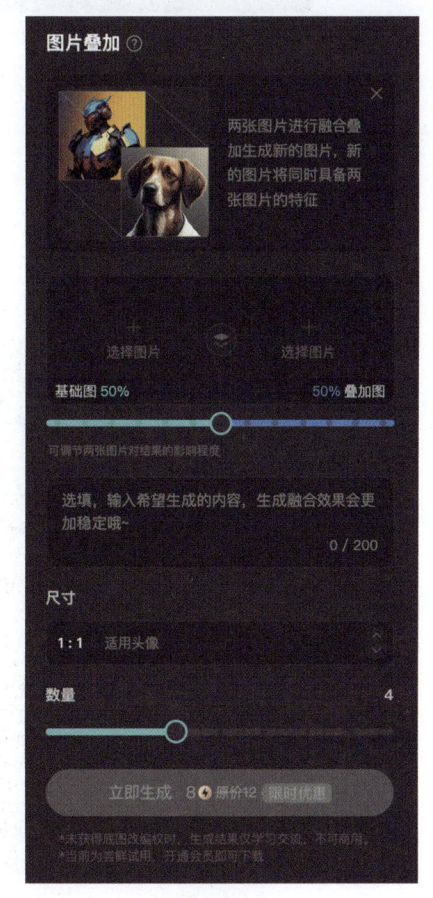

图 11.1.9

11.2 学习实践活动

11.2.1 活动：使用文心一格生成中式写意山水画

① 进入文心一格的 AI 创作界面，在文本描述框中输入"长江泛舟，三峡风光，电影照明，丁达尔效应，国画水墨山水风格"，设置"画面类型"为"中国风"、设置"比例"为"竖图"、设置"数量"为 1，单击"立即生成"按钮（见图 11.2.1）。

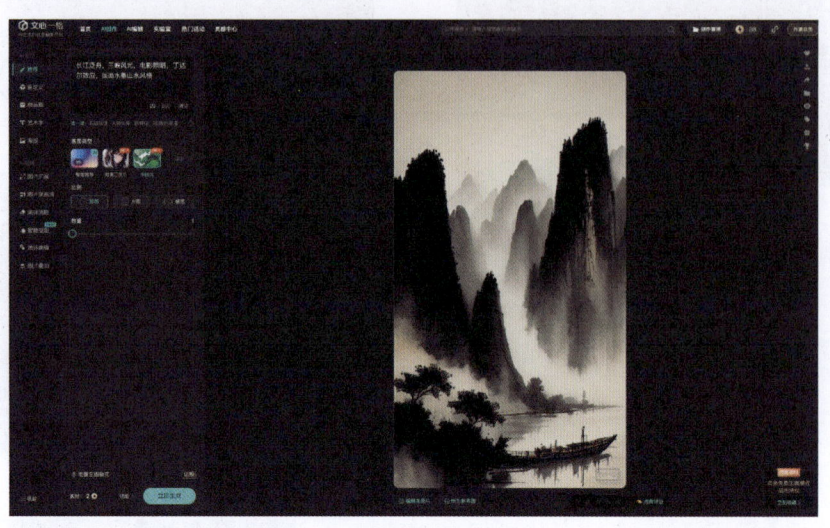

图 11.2.1

② 单击右上角的"下载"按钮，保存生成的图像。

11.2.2 活动：使用文心一格制作姓氏艺术字

① 进入文心一格的 AI 创作界面，在文本描述框中输入自己的姓氏。具体设置：字体布局为"自定义"，字体大小为"大"，字体位置为"居中"，字体创意为"青花瓷，可爱生肖龙，高清，极致细节"，影响比重为 1，"比例"为"方图"，"数量"为 1。完成设置后单击"立即生成"按钮（见图 11.2.2）。

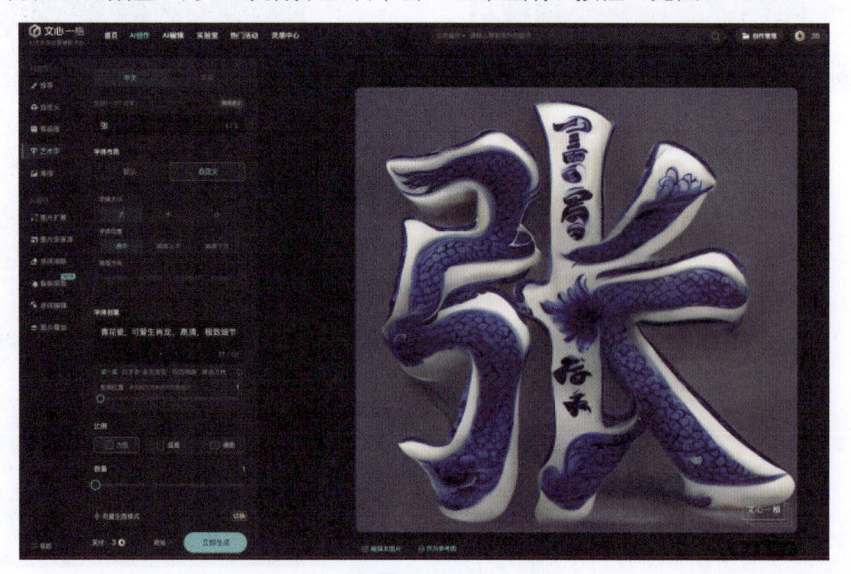

图 11.2.2

02 单击"下载"按钮,保存图像。

11.2.3　活动:结合文心一格的"商品换背景"功能和Photoshop制作电商主图

01 单击文心一格首页的"商品换背景"(见图11.2.3),进入商品图界面,单击界面右侧的"选择图片"按钮(见图11.2.4)。单击"上传本地图片"按钮,再单击"选择文件"按钮(见图11.2.5),上传"素材11.2-1"(见图11.2.6),单击"确定"按钮。

图 11.2.3

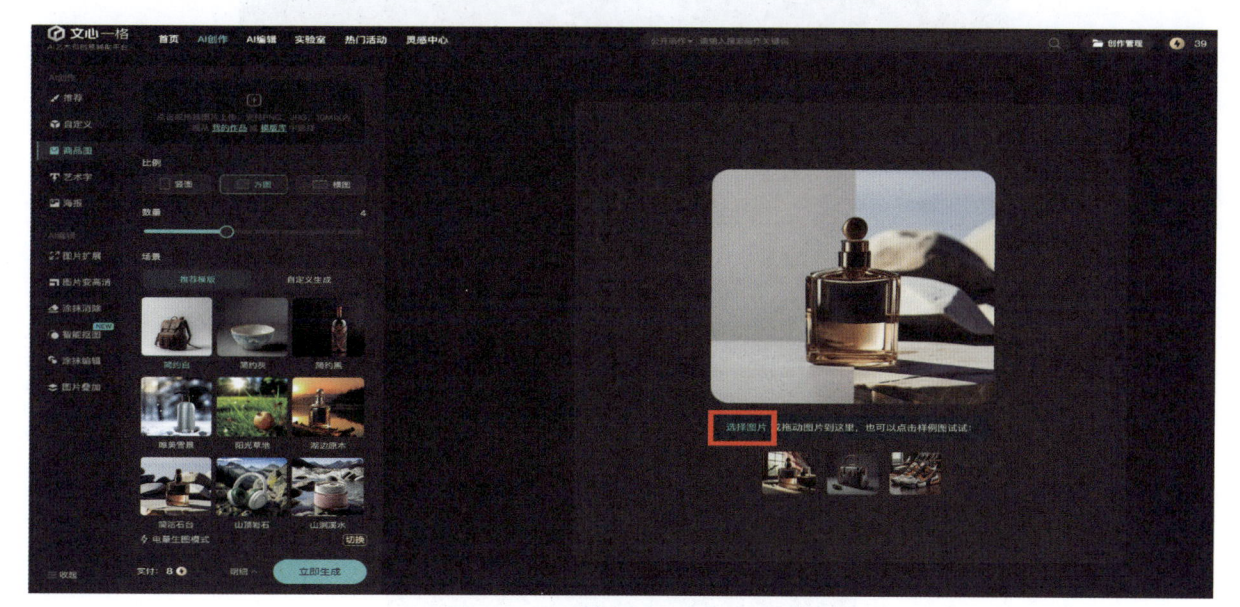

图 11.2.4

02 单击商品图,直至整个商品被选中(见图11.2.7),单击"确定"按钮。

图 11.2.5

图 11.2.6

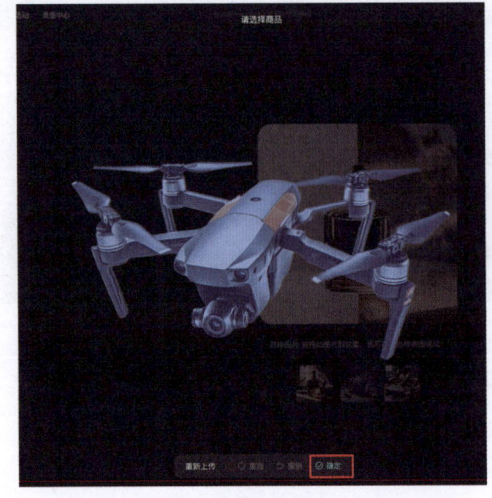

图 11.2.7

> 第 11 章 任务：Photoshop 结合文心一格的应用

03 设置"比例"为"方图"、"数量"为 2、"场景"为"山顶岩石"（见图 11.2.8），单击"立即生成"按钮。

图 11.2.8

04 系统将自动生成有背景的两张主图（见图 11.2.9），选择其中一张进行下载。

图 11.2.9

05 给主图加上文字和图形（见图 11.2.10）。

图 11.2.10

167

11.2.4 活动：结合文心一格的 AI 编辑功能和 Photoshop 制作 IP 形象

01 打开文心一格，单击"自定义"按钮，输入提示词："玩具摆件，C4D，卡通小女孩，京剧装扮，端庄，花旦，发髻，流苏，素雅汉服，精致细节，国朝，可爱，虹膜增强，全身，泡泡玛特风格，模型，盲盒玩具，画面"细腻，干净背景，3D 渲染，极致细节，8K，极致清新，光线追踪，粒子特效，摄影室光，全图最高清色彩对比，细腻"。"比例"为 1∶1，适用于头像，"数量"为 4，"画面类型"为"二次元"，修饰词为"CG 渲染、写实、精细刻画、体积光、明亮、精致"，"艺术家"为"泡泡玛特风格"，单击"立即生成"按钮，即可生成 4 幅花旦 IP（见图 11.2.11）。

图 11.2.11

02 选择一张满意的图像，单击"图片扩展"按钮，向下扩展，单击"立即生成"按钮，可以得到 IP 全身图（见图 11.2.12）。

图 11.2.12

> 第 11 章 任务：Photoshop 结合文心一格的应用

03 选择一张满意的 IP 形象图下载，完成 IP 创意设计（见图 11.2.13）。

图 11.2.13

11.3 设计师岗位实战演习

11.3.1 使用文心一格和 Photoshop 制作出口红茶海报

01 打开文心一格，进入商品图界面，上传"素材 11.3-1"（见图 11.3.1）。

图 11.3.1

❷ 设置"比例"为"竖图"、"数量"为 2、"场景"为"自定义生成",描述语为"禅意背景,山,水,植物,精致细节,千里江山图绘画颜色,虚实对比,浓淡对比,线条自然,注重细节写意风格,干净,留白,极致细节,淡雅,高度锐化,全图细腻,全图高清色彩对比度,细腻",单击"立即生成"按钮,即可智能生成商品背景(见图 11.3.2)。

图 11.3.2

❸ 选择一幅作品,单击"下载"按钮(见图 11.3.3)。
❹ 将下载的图片置入 Photoshop,用上下文工具完善细节(见图 11.3.4)。

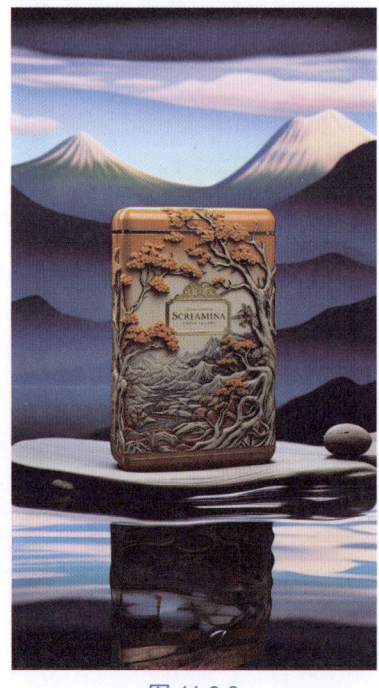

图 11.3.3

图 11.3.4

> 第 11 章 任务：Photoshop 结合文心一格的应用

05 打开文字素材"素材 11.3-2"，为海报添加文字并排版（见图 11.3.5）。

图 11.3.5

11.3.2 使用文心一格和 Photoshop 制作助农橙子海报

01 打开文心一格，进入生图界面，描述语为"一颗橙子，切开，飞溅的橙汁，迸溅的汁水，海报，浅色背景，精细细节，8K，高速摄影，专业摄影，动态"，单击"立即生成"按钮（见图 11.3.6）。

171

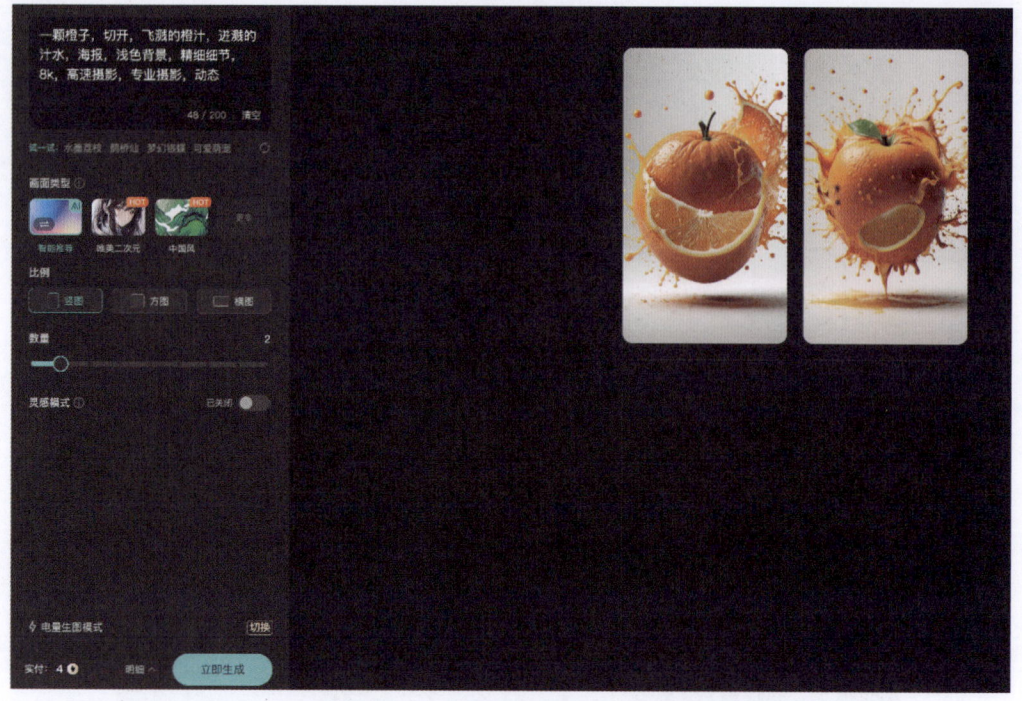

图 11.3.6

02 选择素材里效果最佳的，单击图像下的"作为参考图"，继续优化图像（见图 11.3.7）。

图 11.3.7

03 单击后进入参考图自定义模式，输入描述语："半个橙子，飞溅的橙汁，迸溅的汁水，海报，浅色背景，精细细节，8K，高速摄影，专业摄影"，继续生成图像（见图 11.3.8）。

> 第 11 章　任务：Photoshop 结合文心一格的应用

图 11.3.8

④ 选择生成的素材里合适的图像，下载后导入 Photoshop 继续编辑，可以用 Photoshop 内的上下文工具继续生成新的素材，辅助制图（见图 11.3.9）。

图 11.3.9

173

05 使用Photoshop的"渐变工具"和"文字工具"制作海报。

图 11.3.10

第 12 章

任务：Photoshop 的其他相关应用

12.1 预备知识

本章聚焦于 Photoshop 的一些其他相关应用，旨在拓展创意思维与实战技能。以下的多个学习活动分别介绍了使用动作与批处理功能批量处理图片，可以提升工作效率；利用切片功能优化网页图片加载，可以提升用户体验。Photoshop 2024 保留了基础的短视频剪辑功能，适用于学习教程制作。利用"通道"功能可以精准地抠取透明物品，解决复杂图像处理难题。通过设置"首选项"可以优化 Photoshop 性能，确保软件运行流畅，从而提升工作效率。

12.2 学习实践活动

12.2.1 活动：使用"动作"面板与批处理功能自动给照片批量添加水印

知识链接

"动作"是一个命令序列。执行动作时，系统会按照顺序执行设定好的一系列命令，以达到减少重复工作的目的。

在 Photoshop 中，用户可以使用内置动作，也可以自己定义动作。

选择"窗口"→"动作"菜单命令，即可打开"动作"面板（见图 12.2.1）。

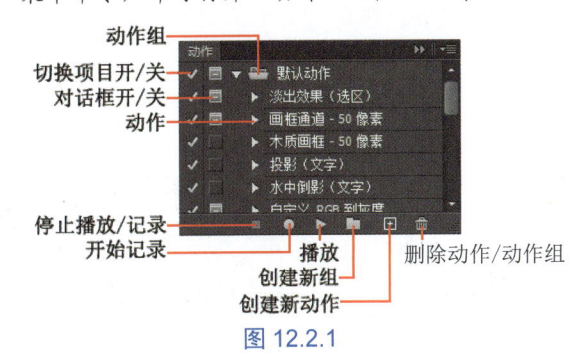

图 12.2.1

① 新建文件夹"加水印后效果"，以便放置添加好水印的图片。
② 打开素材文件夹"素材 12.2-1"下的"素材 12.1-1.1"（见图 12.2.2）。

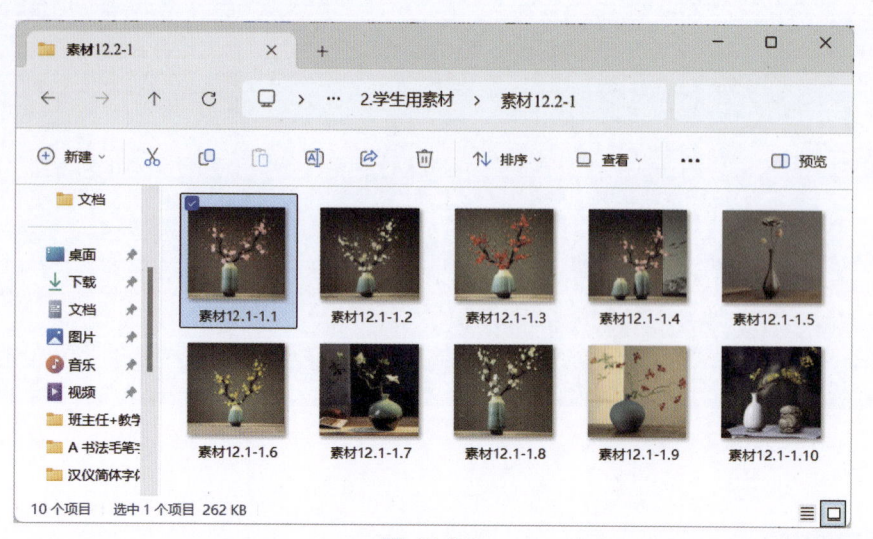

图 12.2.2

③ 单击"动作"面板上的"创建新动作"按钮▣，在弹出的"新建动作"对话框中，命名此动作为"添加水印"，并选择"组 2"，单击"记录"按钮（见图 12.2.3），即开始记录操作步骤。

④ 在图像上输入文字"阿禅花瓶"，并将文字的"不透明度"调整为 5%（见图 12.2.4）。

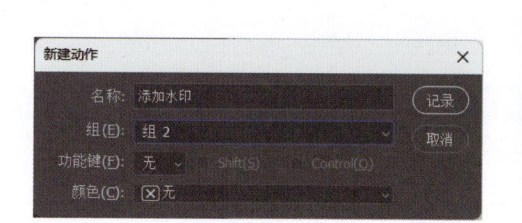

图 12.2.3 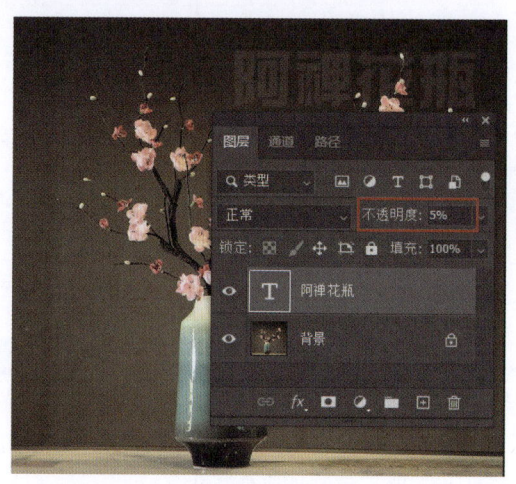　　　　　　　　　图 12.2.4

⑤ 选择"文件"→"存储副本"菜单命令，将文件存储在之前建立好的"添加水印效果"文件夹中，文件格式为 JPEG（见图 12.2.5）。

⑥ 单击"动作"面板上的"停止录制"按钮▣，即可完成录制，"动作"面板中就有了"添加水印"动作（见图 12.2.6）。

图 12.2.5 　　　　　　　　　图 12.2.6

07 选择"文件"→"自动"→"批处理"菜单命令,弹出"批处理"对话框(见图12.2.7)。选择"动作"为"添加水印";在"源"下拉列表中选择"文件夹"选项,选择"素材12.2-1"文件夹;在"目标"下拉列表中选择"文件夹"选项,选择"添加水印效果"文件夹;选中"覆盖动作中的'存储为'命令"复选框,单击"确定"按钮,即开始批量给图片添加水印。最终结果如图12.2.8所示,每张图片都在同样的位置添加了水印。

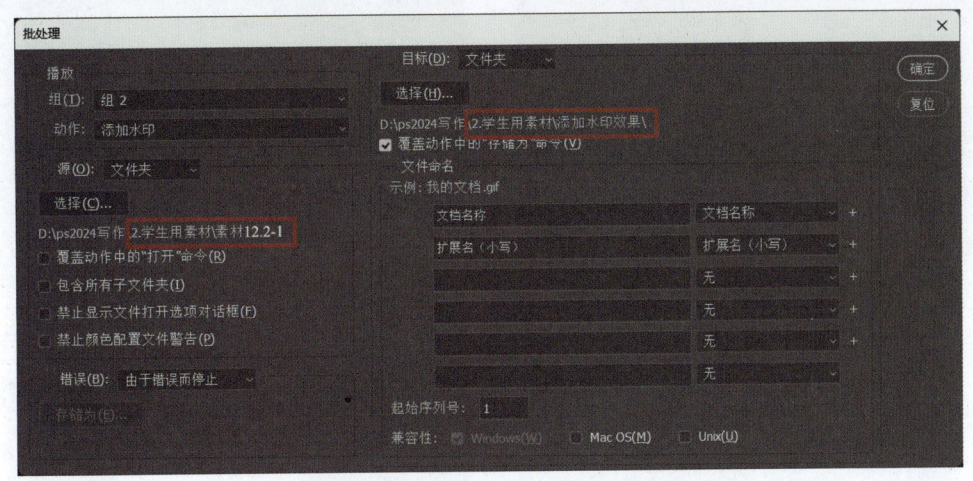

图 12.2.7

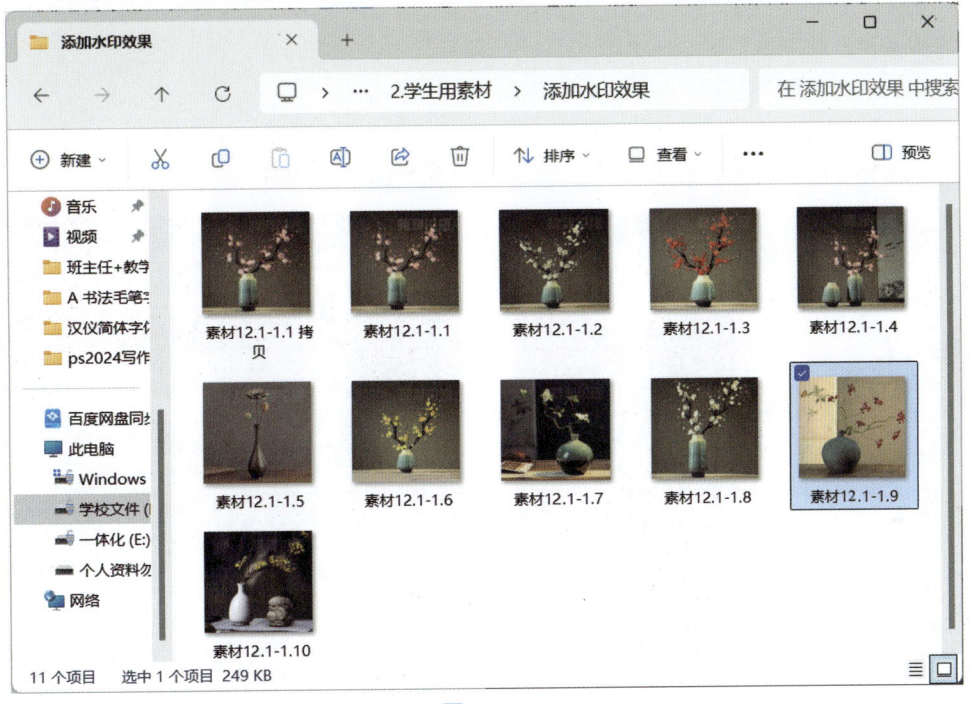

图 12.2.8

12.2.2 活动:使用切片功能为网页图片切片

在网页设计中,经常使用切片工具。"切片工具"主要用于将大型图像分割成多个小图像,以便分别添加链接,提高网页的加载速度。

01 打开"素材 12.2-2"(见图 12.2.9)。

02 手动切片。选择"切片工具" ，在图像上拖动鼠标，即可创建一个切片区域（见图12.2.10）。用户可以自由调整切片的大小和形状，以满足不同的需求。

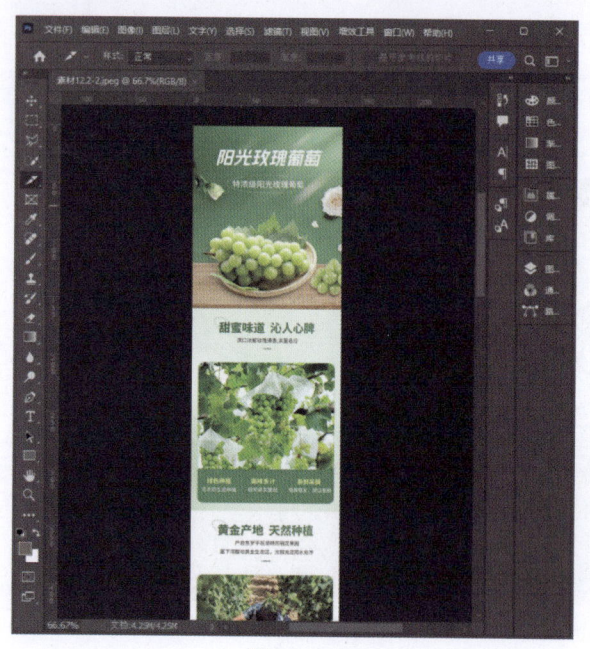

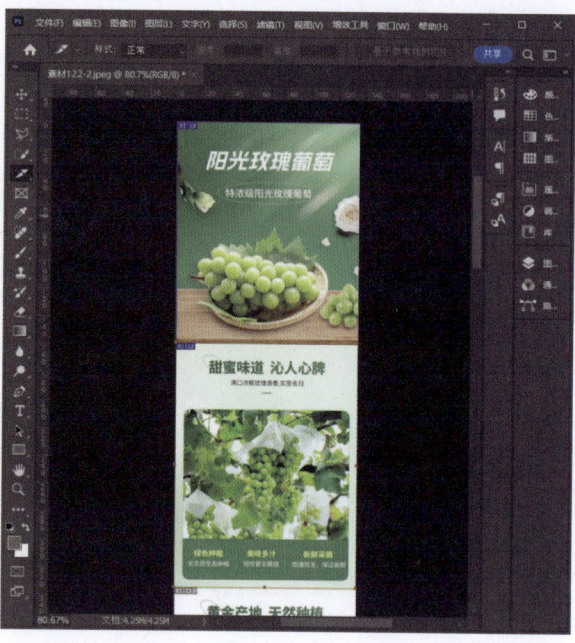

图 12.2.9

图 12.2.10

03 基于参考线切片。按下快捷键 Ctrl+R 调出标尺，从标尺上拖出参考线，单击顶部的"基于参考线的切片"按钮，将自动沿参考线创建切片（见图12.2.11）。

04 划分切片。在切片上右击，选择"划分切片"命令，在弹出的对话框中设置水平划分和垂直划分的数量，可实现均匀分割切片（见图12.2.12）。

图 12.2.11

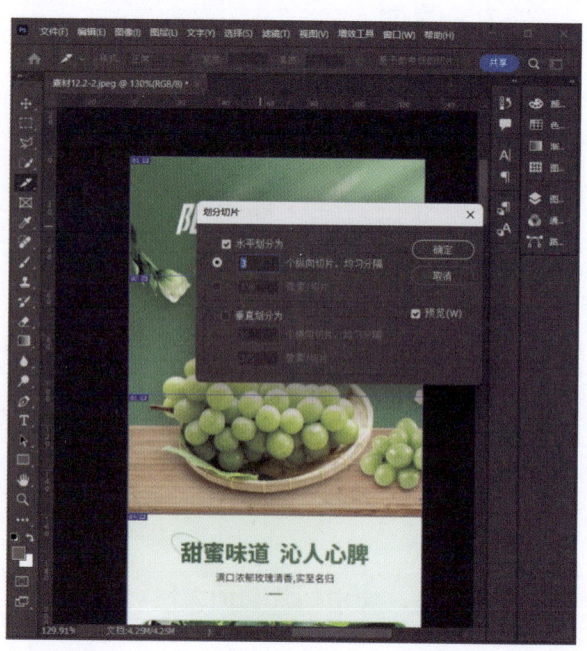

图 12.2.12

⑤ 编辑切片。使用"切片选择工具" 选中切片，单击"编辑切片选项"按钮，即可单独修改每个切片的名称、URL、目标（在新窗口或当前窗口打开链接）、信息文本（鼠标指针悬停时显示的文本）等（见图 12.2.13）。

⑥ 导出切片。完成切片的编辑后，选择"文件"→"导出"→"存储为 Web 所用格式"菜单命令，（快捷键：Shift+Ctrl+Alt+S），打开"存储为 Web 所用格式（100%）"对话框（见图 12.2.14），选择切片的保存格式（如 PNG、JPG、GIF 等），并设置切片的其他参数，如质量、透明度等，单击"存储"按钮，切片将被导出为 HTML 文件或单独的图像文件。

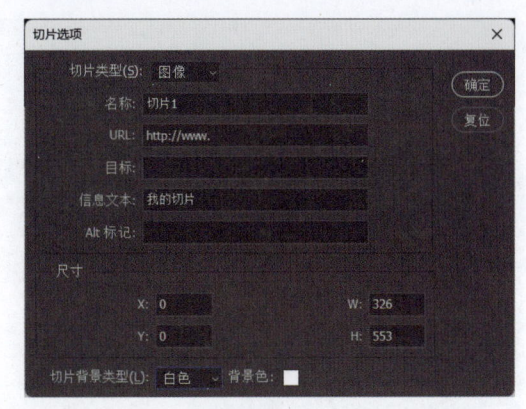

图 12.2.13

图 12.2.14

12.2.3 活动：使用 Photoshop 剪辑短视频

① 将"素材 12.2-3 风的形状"拖到 Photoshop 快捷方式上，同时打开"时间轴"面板（见图 12.2.15）。单击"播放"按钮 ，可查看此视频。

② 将播放头放在第 15 秒的位置，单击"剪辑"按钮 （见图 12.2.16），将视频从此处剪断，并单击后面的片段，按 Delete 键将其删除。

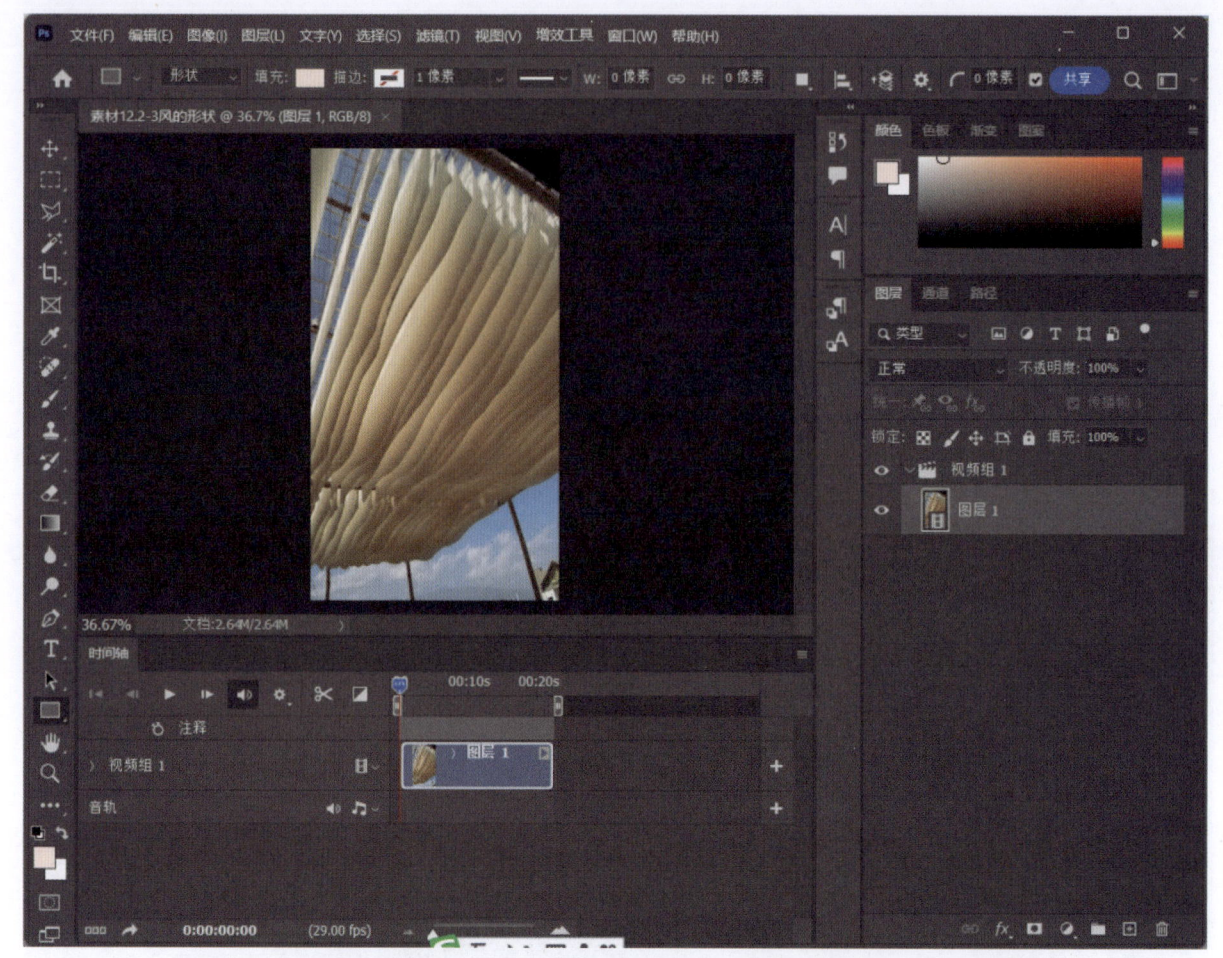

图 12.2.15

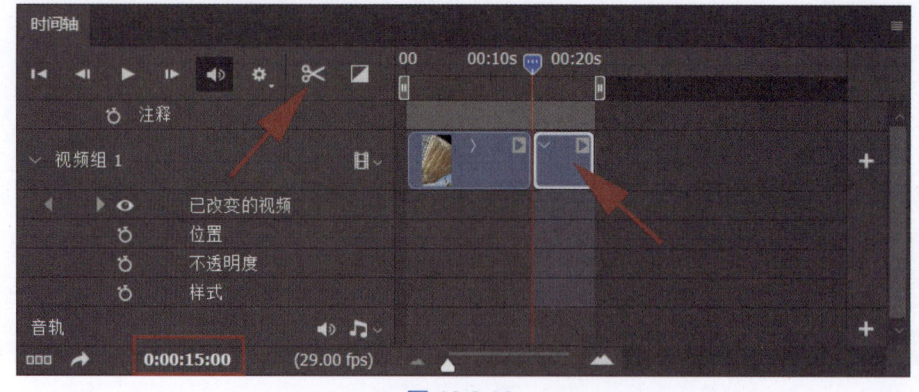

图 12.2.16

03 在"图层1"上方添加"曲线"调整图层(见图12.2.17),并将曲线调整为正S形,提高视频画面的对比度。

04 在"时间轴"面板上右击,单击 按钮,选中"静音"复选框(见图12.2.18),使原视频静音。

05 单击"时间轴"面板左端"音轨"上的 按钮,在弹出的菜单中选择"添加音频"命令(见图12.2.19),将"素材12.2-4配乐.mp3"添加进来,给这段视频添加背景音乐。

06 将过长的音频剪开,并将后半段删除(见图12.2.20)。

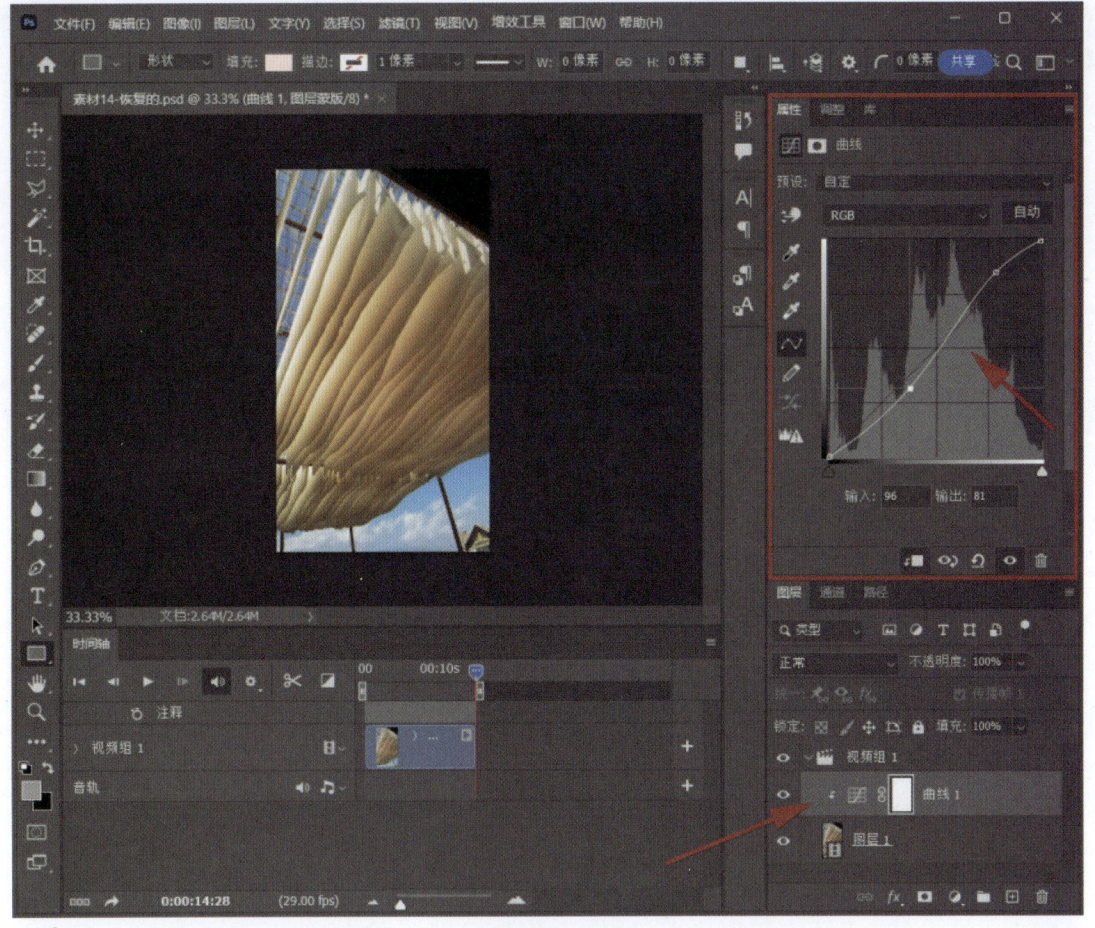

> 第 12 章 任务：Photoshop 的其他相关应用

图 12.2.17

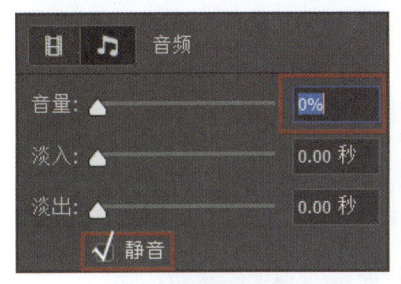

图 12.2.18

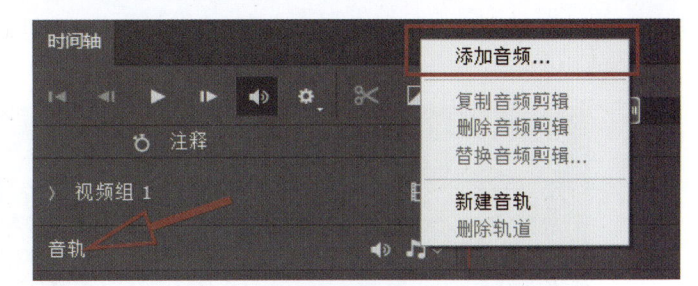

图 12.2.19

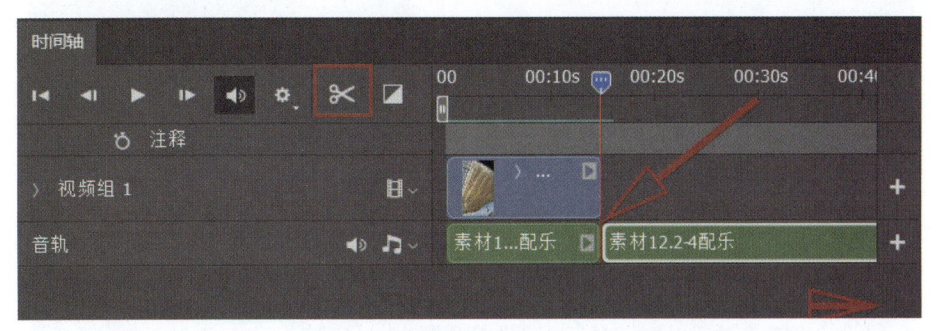

图 12.2.20

181

07 在音频上右击，在弹出的快捷菜单中选择"淡出"命令，设置淡出时间（见图12.2.21），单击"播放"按钮▶测试效果。

08 单击"视频组1"右侧的按钮，选择"新建视频组"命令，添加"视频组2"（见图12.2.22）。

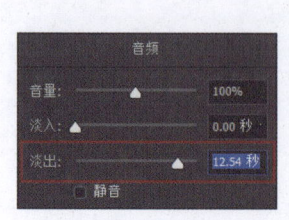

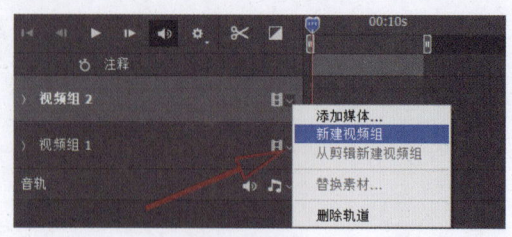

图 12.2.21　　　　　　　　　　　图 12.2.22

09 使用文字工具添加片名"风的形状"，并给文字添加投影。将文字图层中文字的显示时长拖至与视频相同（见图12.2.23），测试效果。

图 12.2.23

12.2.4　活动：使用"通道"面板与"钢笔工具"抠选玻璃制品

抠选透明玻璃瓶子需要结合使用"钢笔工具"和"通道"面板。

01 打开"素材12.2-5"，打开"通道"面板（见图12.2.24）。

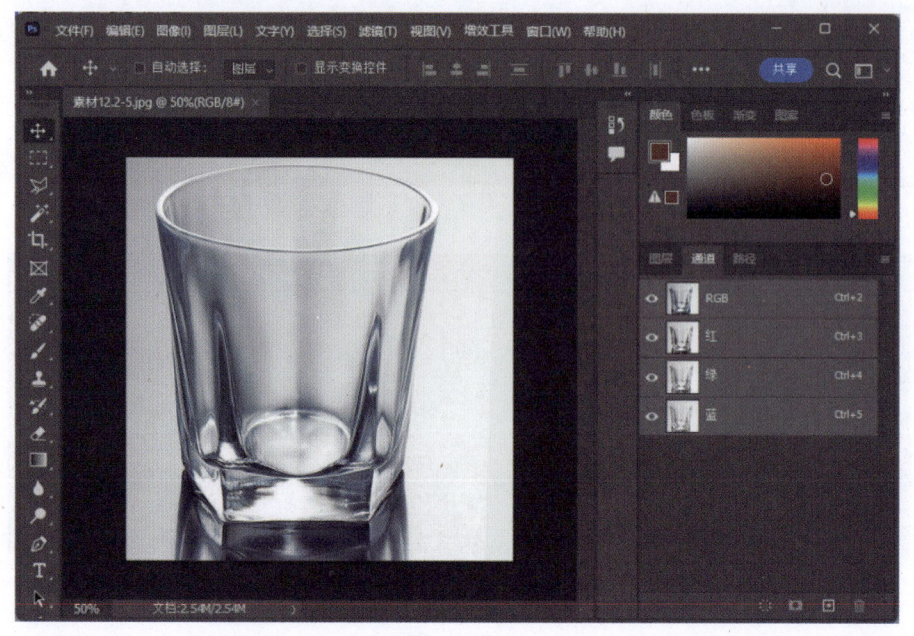

图 12.2.24

> 第 12 章 任务：Photoshop 的其他相关应用

02 比较各个通道，发现"蓝"通道中的细节更多。选择"蓝"通道，用"钢笔工具"在杯子的边缘绘制路径（见图 12.2.25）。

图 12.2.25

03 按下快捷键 Ctrl+Enter 将路径转换为选区，选择"背景"图层（见图 12.2.26）。

图 12.2.26

04 选择"图像"→"计算"菜单命令，在弹出的对话框中设置当前文档的"选区"与"蓝"通道以"正片叠底"的混合模式叠加，"结果"为"新建通道"（见图 12.2.27）。

05 按下快捷键 Ctrl+D 取消选区。单击"通道"面板底部的"将通道作为选区载入"按钮，载入选区（见图 12.2.28）。

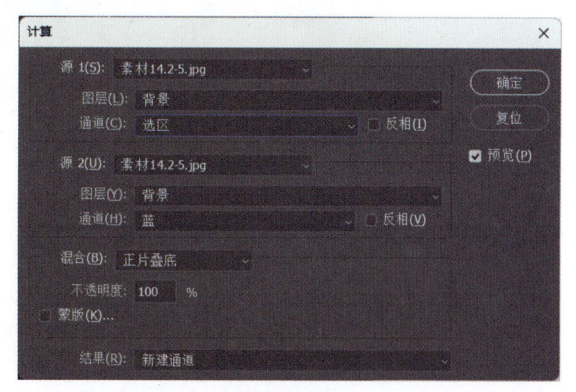

图 12.2.27

183

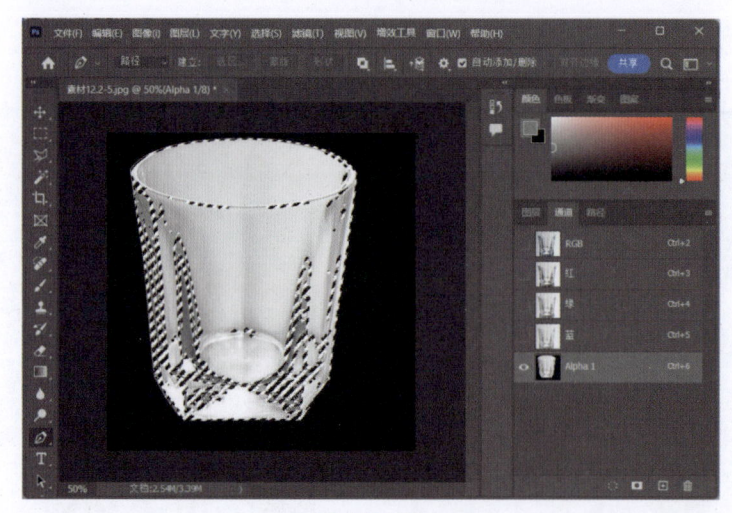

图 12.2.28

06 单击 RGB 通道，回到"图层"面板，选择"背景"图层，按下快捷键 Ctrl+J 复制图层，隐藏"背景"图层（见图 12.2.29）。

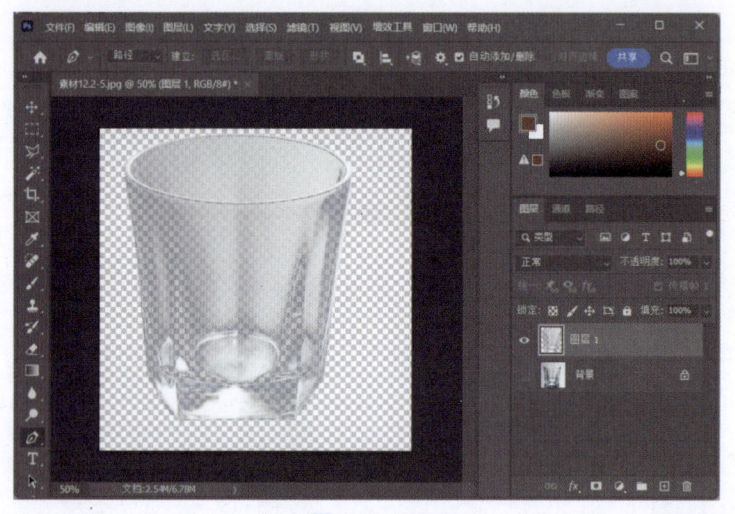

图 12.2.29

07 打开"素材 12.2-6"，将抠选出的杯子拖到此图像上，并给杯子图层中的杯子调整色相（见图 12.2.30）。

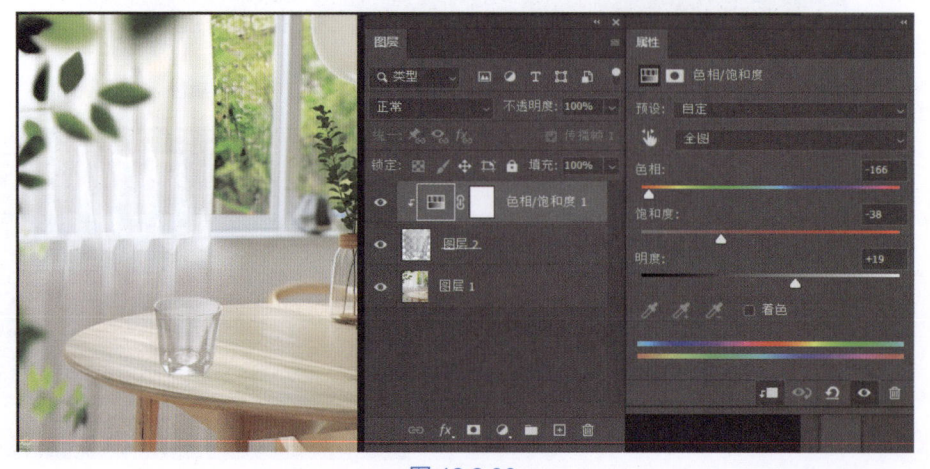

图 12.2.30

12.2.5 活动：设置"首选项"让 Potoshop 运行更流畅

01 选择"编辑"→"首选项"→"暂存盘"菜单命令，取消选中 C 盘对应的复选框，选中其他空间更大的磁盘对应的复选框（见图 12.2.31）。

图 12.2.31

02 选择"性能"选项，拖动滑块将"内存使用情况"调整到 80% 左右（见图 12.2.32），也可以缓解 Photoshop 卡顿的情况。如果安装了独立显卡，选中"使用图形处理器"复选框，可提高图形的处理速度。对于"历史记录"，用户可根据计算机配置适当减少。

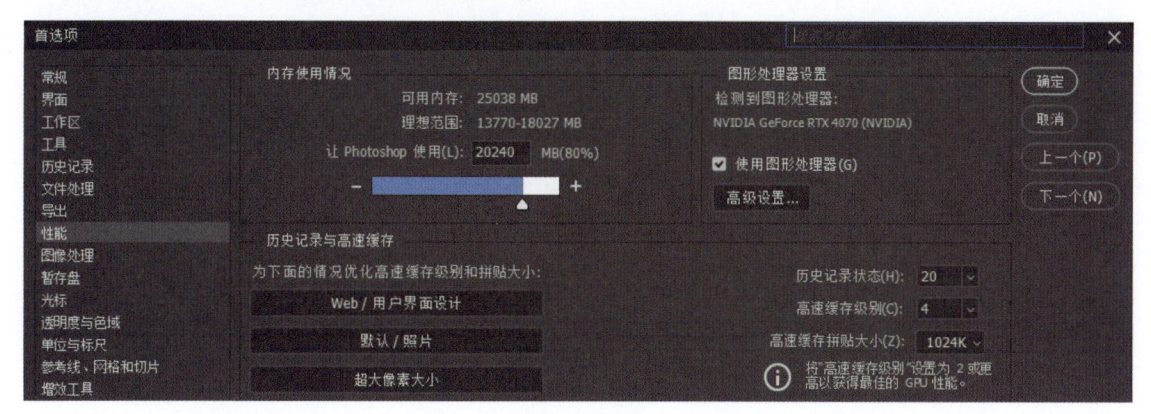

图 12.2.32

03 如果计算机频繁发生死机、闪退、断电等情况，可设置"自动保存"。选择"首选项"中的"文件处理"选项，选中"后台存储"和"自动存储恢复信息的间隔"复选框，并将时间设为"5 分钟"（见图 12.2.33），Photoshop 就会每隔 5 分钟自动保存一次。

图 12.2.33